Schäfer & Claus
STOEWER
KLOSE

Wolf-Dietger Machel

Berliner Schienennahverkehr

Wolf-Dietger Machel

Berliner Schienennahverkehr

GeraMond

Blick auf die Karl-Liebknecht-Straße im Juli 2001. Sie entstand im Zuge der Neugestaltung des Alexanderplatzes in den 1960er-Jahren. Von 1966 bis Ende 1998 fuhren über den Alexanderplatz keine Straßenbahnen. In großen Teilen der Innenstadt wurden sie seinerzeit systematisch stillgelegt

Vorwort

Mit der vollständigen Inbetriebnahme der Berlin-Potsdamer Eisenbahn im Herbst 1838 begann das Zeitalter des Berliner Schienennahverkehrs, der sich zunächst zwischen Berlin und den damals noch nicht zur Stadt gehörenden Vororten entwickelte. Derartige Verkehrsbedürfnisse befriedigten auch die in der Folgezeit gegründeten Fernbahngesellschaften. Die von 1871 bis 1877 entstandene Ringbahn und die 1882 eröffnete Stadtbahn bildeten mit den später erbauten gesonderten Vorortgleisen im Zuge der Fernbahnstrecken das Grundnetz für den späteren Betrieb der Berliner S-Bahn.

Von 1865 an fuhr die erste Pferdestraßenbahn in Berlin. Man kann sie getrost als Überlandbahn bezeichnen, denn dieses Verkehrsmittel führte von der Mitte der Spree-Metropole bis in die Nachbarstadt Charlottenburg. In den folgenden Jahren errichteten zahlreiche Gesellschaften ein dichtes Straßenbahnnetz. Viele Strecken führten in Nachbarorte oder waren auf deren Initiative zustande gekommen. Im Jahre 1902 erhielt Berlin seine ersten U-Bahn-Strecken und zugleich konnte die Elektrifizierung des Straßenbahnnetzes im Wesentlichen abgeschlossen werden.

Der Berliner Schienennahverkehr erlebte in seiner fast 170-jährigen Geschichte einige Weltpremieren, die vor allem auf den Leistungen Werner v. Siemens' fußen. Bereits 1881 rollte im Berliner Vorort Groß-Lichterfelde die erste elektrische Straßenbahn der Welt, dem ein Jahr später der Obus folgte.

Im vorliegenden Buch wird versucht, die Entwicklung des Berliner Schienennahverkehrs von den Anfängen bis in das Jahr 2004 nachzuzeichnen. Obwohl wesentliche Ereignisse berücksichtigt worden sind, kann kein Anspruch auf Vollständigkeit erhoben werden. Die Gliederung der einzelnen Kapitel ist deshalb keine schematische, sondern berücksichtigt die Besonderheiten der jeweiligen Verkehrsmittel zu unterschiedlichen Zeitpunkten. Dazu zählt vornehmlich die wechselvolle Geschichte der S-, U- und Straßenbahn nach dem Zweiten Weltkrieg. Durch die Teilung der Stadt wurden alle Verkehrsträger zu einem Spielball der damaligen Weltmächte. Dies trifft freilich in erster Linie für die S-Bahn zu, eingeschlossen ihr rechtlicher Status in der Viermächtestadt. In diesem Zusammenhang gelang es, eine Reihe bislang nur selten und noch gar nicht veröffentlichter Vorgänge zu beschreiben.

Umso erfreulicher gestaltet sich der Schienennahverkehr nach der Wiedervereinigung Deutschlands und Berlins. Unterbrochene S- und U-Bahn-Strecken wurden wieder hergestellt, die Anlagen zeitgemäß hergerichtet, moderne Fahrzeuge beschafft. Außerdem erlebte die im ehemaligen Westteil der Stadt 1967 aufgegebene Straßenbahn zumindest in einem Fall ein Comeback. In Zeiten knapper Finanzen mussten unlängst zahlreiche Projekte verschoben werden. Dazu gehören Vorhaben sowohl zur Erweiterung des Straßenbahnnetzes als auch der U-Bahn-Strecken. Und trotzdem: Berlins Schienennahverkehr kann sich zu Beginn des 21. Jahrhunderts wieder mit dem anderer Weltstädte messen lassen.

Der Verfasser dankt vielen Nahverkehrsfreunden für die wertvolle Hilfe bei den Recherchen für dieses Buch, besonders aber den Herren Alfred Gottwaldt, Michael Günther, Bernd Neddermeyer und Bodo Schulz.

Berlin, im April 2004
Wolf-Dietger Machel

Bild Seite 3:
Mit der Bezeichnung „Berlin Hauptbahnhof Lehrter Bahnhof" für den jüngsten Bahnhof in der Bundeshauptstadt wird an alte Traditionen angeknüpft. Zwar halten die S-Bahn-Züge seit dem 4.Juli 2002 in diesem nahe dem Regierungsviertel gelegenen und noch Bau befindlichen Bahnhof, doch wird er erst 2006 komplett in Betrieb genommen

HACIFA
43
29
IA-27929

Der Potsdamer Platz zu Beginn der 1930er-Jahre. Straßenbahnen tragen die Hauptlast des Verkehrs. Im Hintergrund das großzügig gestaltete Empfangsgebäude des Potsdamer Fernbahnhofs. Alle hier zu sehenden Bauten fielen während des Zweiten Weltkriegs in Schutt und Asche

Inhalt

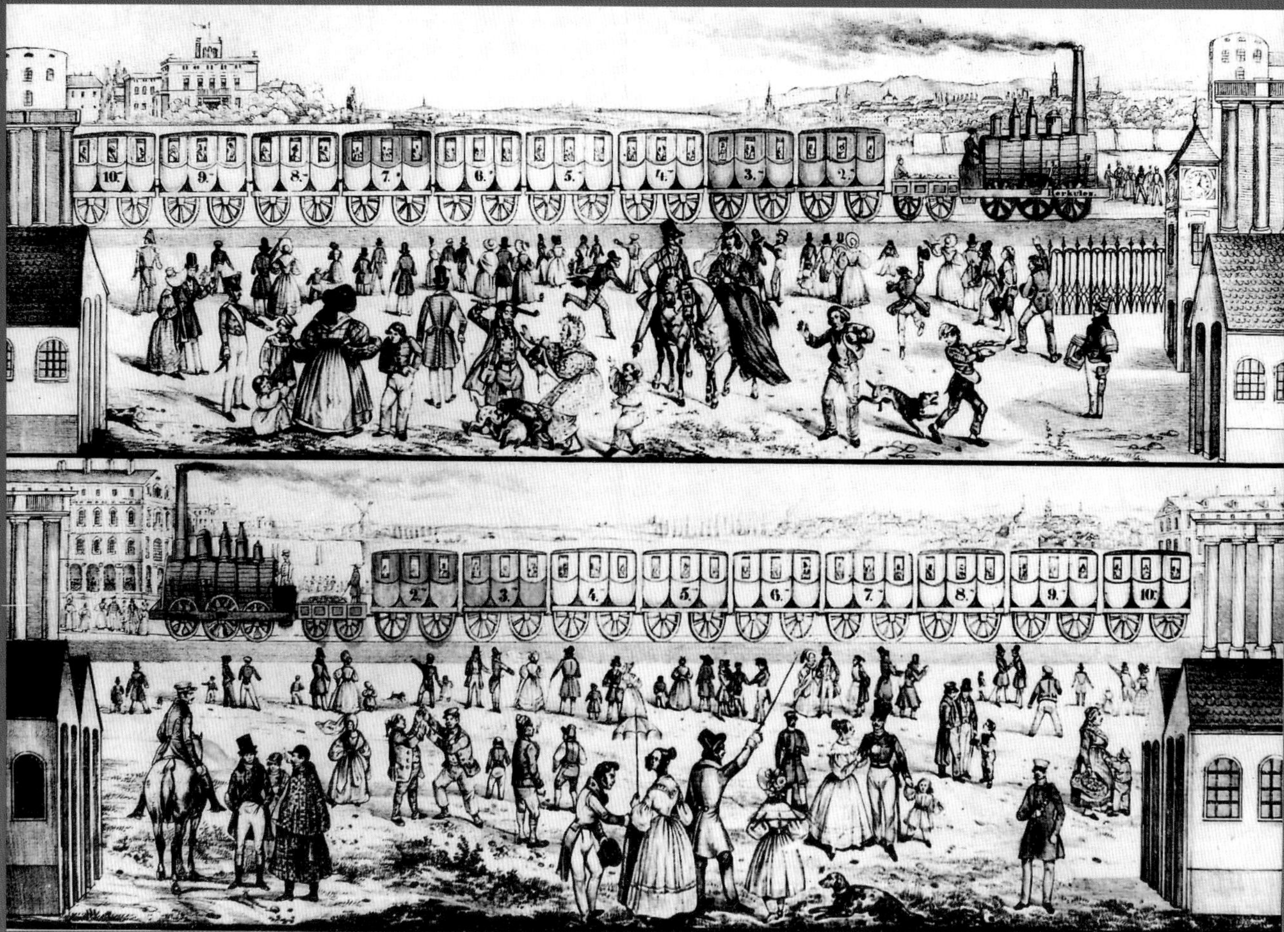
Herkules

Das Eisenbahnzeitalter in Berlin – Geburtsstunde des Nahverkehrs auf Schienen

Aus erhaltenen gebliebenem Schriftgut geht hervor, dass in Berlin anno 1688 erstmals einzelne Personen in Sänften befördert wurden. Dabei handelte es sich um eine Art Behälter mit Türen und Glasfenstern, die jeweils von zwei Trägern „bewegt“ werden mussten. Die Sänften waren auf kurfürstliche Anordnung nach französischem Vorbild gebaut worden und dürften das erste „Nahverkehrsmittel“ in Berlin gewesen sein. Schon bald galten diese „Beförderungsgefäße“ als zu teuer und eine „Ortsveränderung“ in ihnen als viel zu langsam. Außerdem besaßen sie eine zu geringe Kapazität, denn in jeder Sänfte hatte nur eine Person Platz. Ab etwa 1780 versank der Sänftenbetrieb in der Bedeutungslosigkeit und 1833 soll nach einer zeitgenössischen Pressenotiz am Berliner Schloss die letzte Sänfte gesichtet worden sein.

Von 1739 an gelangten auf „Allerhöchsten Erlass“ des preußischen Königs so genannte Fiaker zum Einsatz. Diese von Pferden gezogenen Fahrzeuge bestanden aus einem vierrädrigen Gestell, an das ein viersitziger Kasten mit Lederriemen befestigt war. Eine eigens gegründete „Fiaker-Gesellschaft“ geriet schnell in finanzielle Schwierigkeiten, da das Verkehrsmittel auch für gut betuchte Bürger schlicht zu teuer war. Wer es sich leisten konnte, bestellte sich Lohnkutschen, die einige Gasthausbesitzer und andere Gewerbetreibende vorhielten. Nachdem der Fiakerbetrieb 1794 eingestellt worden war, gab es in Berlin 20 Jahre lang keinen öffentlichen Personennahverkehr mehr.

Lithographie vom Geschehen auf dem Potsdamer Bahnhof in Berlin um 1840. Mit der Inbetriebnahme der Berlin-Potsdamer Eisenbahn zwei Jahre zuvor begann in Berlin der Schienennahverkehr

Erst nach den Befreiungskriegen setzten sich in Preußens Hauptstadt die legendären Pferdedroschken durch. Im Jahre 1814 erteilte der Berliner Magistrat erste Konzessionen für zunächst 32 Droschken. Sie verkehrten ab 1825 sogar nach einem festem Fahrplan auf bestimmten Relationen. In Berlin zählte man 1827 bereits 100 und 1860 rund 1.000 Droschken.

„Locale Pendelzüge“ auf den Fernbahnstrecken

Die durch die Erfindung der Dampfmaschine expandierende Industrialisierung machte auch vor den Stadttoren Berlins keinen Halt. Das Eisenbahnzeitalter begann mit der durchgehenden Inbetriebnahme der Strecke Berlin – Potsdam am 29. Oktober 1838. Schon bald danach setzte die Berlin-Potsdamer Eisenbahn-Gesellschaft zwischen Berlin und den damals noch selbstständigen Gemeinden Steglitz und Zehlendorf „locale Pendelzüge“ ein. Exakt gesehen hatte damit zugleich die Geburtsstunde des Berliner Schienennahverkehrs geschlagen, wenngleich noch kein innerstädtischer Verkehr stattfand.

Eine ähnliche Entwicklung vollzog sich auf den bis Mitte der 1840er-Jahre in kurzer Folge entstandenen Fernbahnen, deren Gesellschaften jeweils einen eigenen Bahnhof anlegten:

- Berliner Anhalter Eisenbahn bis Jüterbog (ab 1. Juli 1841),
- Berlin-Stettiner Eisenbahn (ab 30. Juli 1842),
- Berlin-Frankfurter Eisenbahn (ab 23. Oktober 1842),
- Berlin-Hamburger Eisenbahn (ab 15. Oktober 1846),
- Berlin-Görlitzer Eisenbahn (13. September 1866)
- Königlich-Preußische Ostbahn Berlin – Küstrin (1. Oktober 1867),
- Berlin – Lehrte (ab 15. Juli 1871),
- Berlin-Dresdner Eisenbahn (ab 17. Juli 1875),
- Königliche Militär-Eisenbahn Berlin – Zossen [bis Zossen parallel zur Dresdner Bahn verlaufend] – Schießplatz [Kummersdorf] (ab 15. Oktober 1875),

- Berlin – Neubrandenburg (– Stralsund) (Nordbahn) [ab 10. Juli 1877] und
- Berlin – Blankenheimer Eisenbahn [Wetzlaer Eisenbahn] (15. Mai 1879).

Erwähnenswert sei in diesem Zusammenhang, dass durch die Verlegung der Artilleriewerkstätten von Berlin nach Spandau im Jahre 1867 zwischen beiden Städten plötzlich dringender Bedarf für einen Militär-Berufsverkehr bestand. Die Berlin-Hamburger Eisenbahn-Gesellschaft reagierte umgehend und legte noch im selben Jahr auf diesem Streckenabschnitt jeweils zum Arbeitsbeginn und- ende Berufszüge ein.

Erst eine Verbindungsbahn

Wie bereits angedeutet, endeten die Fernbahnen in Berlin auf den eigens durch die jeweiligen Gesellschaften angelegten Kopfbahnhöfen. Sie besaßen untereinander zunächst keine Verbindung. Zunehmend bestand jedoch Bedarf, Güterwagen untereinander auszutauschen, um einen Frachttransport ohne Umladung zwischen den einzelnen Fernbahnen zu ermöglichen. Außerdem hielt es das preußische Militär für erforderlich, im Kriegsfall Truppen und Gerät durchgängig zu befördern. Deshalb wurde zunächst zwischen dem Stettiner, dem Hamburger, dem Potsdamer, dem Anhalter und dem Bahnhof der Niederschlesisch-Märkischen Eisenbahn (Richtung Frankfurt [Oder], heute Berlin Ostbahnhof) eine Verbindungsbahn gebaut und ab 15. Oktober 1851 in Etappen eröffnet. Diese eingleisige Strecke verlief auf öffentlichen Straßen und die Gleise der einzelnen Gesellschaften konnten vielfach nur über Drehscheiben erreicht werden. Jeder Wagen musste also einzeln gedreht werden. Dieser Betrieb galt nicht nur als aufwändig, sondern störte außerdem den Straßenverkehr. Obwohl bald die Drehscheiben durch Weichen ersetzt worden waren, blieb der später in die Geschichte als „Alte Berliner (Bahnhofs-)Verbindungsbahn“ eingegangene Schienenstrang wenig leistungsfähig, zumal die Betriebssicherheit angesichts des zunehmenden Straßenverkehrs mehr und mehr zu wünschen übrig ließ. Dass sich auf einer solchen Bahnanlage kein Personenverkehr einrichten ließ, für den sicherlich schon damals ein Bedürfnis bestand, ist nur allzu verständlich.

Auf dem Weg zum Hundekopf

Deshalb begannen erste Planungen für eine neue Verbindungsbahn, die im Wesentlichen 1866 abgeschlossen wurden. Die Strecke sollte die damalige Berliner Stadtgrenze weitläufig umfahren, gleichzeitig zahlreiche Vororte erschließen und in erster Linie dem Güterverkehr dienen. Am 17. Juli 1871 konnte der erste Abschnitt der künftigen Ringbahn von Moabit über Gesundbrunnen, Stralau (heute Ostkreuz) und Rixdorf (ab 1912 Neukölln) nach Tempelhof (mit einem Abzweig nach Schöneberg und Anschlüssen an die Fernbahnen für den Güterverkehr eröffnet werden. Bereits vom 1. Januar 1872 an rollten auf der neuen Verbindungsbahn auch Personenzüge, die von Anfang an stark frequentiert waren, sodass die Zugfolge ständig verdichtet werden musste. Schließlich wurde mit Inbetriebnahme der Teilstrecke Tempelhof – Charlottenburg – Moabit am 15. November 1877 der Ring geschlossen. Die auf Karten und Netzspinnen dargestellte Trassenführung ähnelt einem Hundekopf. Dieser Begriff ist bis heute gegenwärtig und gehört nicht nur zum Sprachgebrauch der Eisenbahner, sondern ist ebenso zahlreichen Berlinern geläufig.

Zu diesem Zeitpunkt bestand ausgehend von der ständig expandierenden und 1871 zur Reichshauptstadt erklärten Metropole Berlin bereits ein umfangreicher Vorortverkehr auf folgenden Streckenabschnitten:

- Berlin Potsdamer Bahnhof – Potsdam (ab 1. Juni 1874 über die neue Wannseebahn Zehlendorf – Schlachtensee – Wannsee – Kohlhasenbrück),
- Berlin Anhalter Bahnhof – Groß-Lichterfelde,
- Berlin Lehrter Bahnhof – Spandau über Ruhleben,
- Berlin Hamburger Bahnhof – Spandau – Finkenkrug,
- Berlin Schlesischer Bahnhof – Erkner,
- Berlin Görlitzer Bahnhof – Grünau – Königs Wusterhausen,
- Berlin Stettiner Bahnhof – Oranienburg (über die Nordbahn),
- Berlin Stettiner Bahnhof – Bernau und
- der Ringbahn.

Auf Viadukten durch die Stadt

Das Fehlen einer direkten Ost-West-Verbindung durch Berlin machte sich zunehmend nachteilig bemerkbar. Zu Beginn der 1870er-Jahre war längst bekannt, dass in dieser Relation beträchtliche Verkehrsströme bestehen. Um diese empfindliche Lücke im Berliner Eisenbahnnetz zu beseitigen, schloss der preußischen Staat am 15. Dezember 1873 einen Vertrag mit der Deutschen Eisenbahnbaugesellschaft und mehreren Fernbahngesellschaften ab. Daraufhin gründete sich am 20. März 1874 die „Berliner Stadteisenbahngesellschaft“. Das Unternehmen begann zwar mit den Vorarbeiten für die dringend benötigte Strecke, geriet aber bald nach Aufnahme des eigentlichen Bahnbaus in Zahlungsschwierigkeiten und ging in Liquidation. Nun nahm der Staat das Vorhaben selbst in die Hand und richtete am 15. Juli 1878 die „Königliche Direction der Stadteisenbahn“ ein. Auf Staatskosten konnte der Bau der viergleisigen und auf Viadukten angelegten Verbindung fortgesetzt werden.

Ihren Ausgangspunkt hat die 12.145 Meter lange und von Anfang an für den Fern- und Lokalverkehr vorgesehene Strecke im Schlesischen Bahnhof (heute Berlin Ostbahnhof) und endet im Bahnhof Charlottenburg (heute Berlin-Charlottenburg). Im Ergebnis verschiedener Untersuchungen über die Trassenführung entschied man sich zur Nutzung von weitgehend in städtischem Besitz befindlichen Gelände. In diesem Zusammenhang wurde auch der Königsgraben zugeschüttet, um dort die vom Regierungs- und Baurat Ernst Dircksen (1830 – 1899) entworfenen Hochbahnviadukte anlegen zu

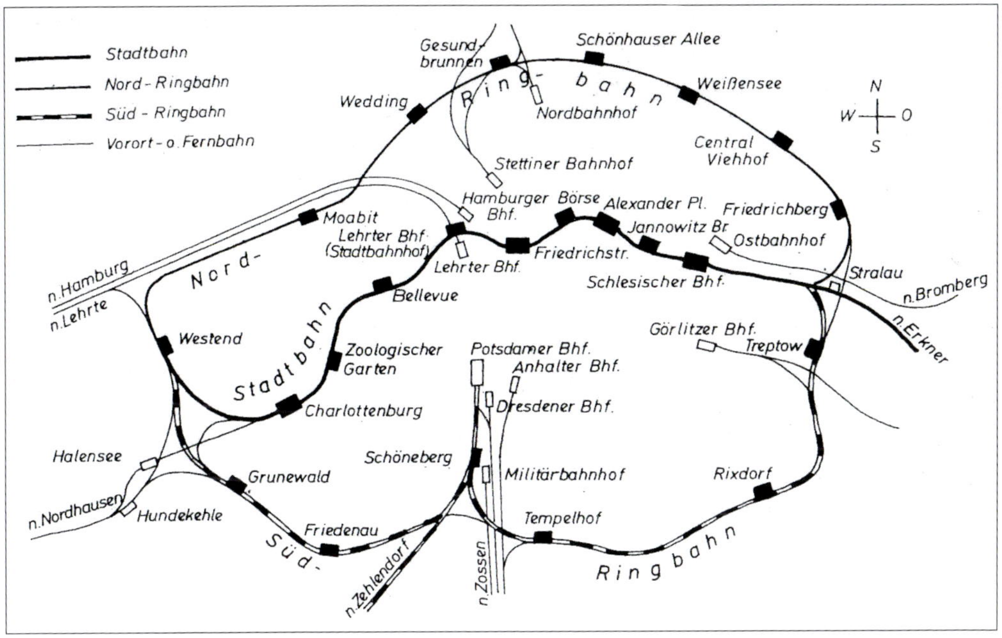

Die Berliner Bahnanlagen 1885. Deutlich sind die Streckenführung der Ringbahn in Gestalt eines Hundekopfs und der Verlauf der Stadtbahn zwischen Schlesischen Bahnhof und Charlottenburg zu erkennen

können. Noch heute erinnert der sofort auffällige, extrem starke Krümmungsverlauf der Stadtbahnstrecke an das einstige Bett des Königsgrabens. Die für die Stadtbahn errichteten Kunstbauten erforderten ein Höchstmaß an ingenieurtechnischem Können. Immerhin wurden 7.964 Meter steinerne Viadukte, 1.823 Meter stählerne Brücken, 675 Meter Dammschüttung zwischen Futtermauern errichtet und 1.683 Meter gewöhnliche Dämme angelegt.

Am 7. Februar 1882 konnte die Strecke auf jeweils einem Gleispaar für den Stadtverkehr und am 15. Mai 1882 auch für den Vorort- und Fernverkehr eröffnet werden. Zu diesem Zeitpunkt war die von der preußischen Regierung in den vorangegangenen Jahren massiv betriebene Verstaatlichung der großen Fernbahngesellschaften nahezu abgeschlossen. Wie für die Stadtbahnstrecke waren für den Betrieb der Fernbahnen fortan die Preußischen Staatseisenbahnen zuständig. Für die Stadt- und Ringbahn galten besondere Tarife.

Ein reiner Stadtbahnverkehr fand zunächst zwischen Berlin Schlesischer Bahnhof und Berlin Zoologischer Garten beziehungsweise Charlottenburg statt, der später bis Westend erweitert wurde. Zusätzlich rollten einige Züge aus und in Richtung Ringbahn über die Stadtbahnviadukte. Das innerhalb kürzester Zeit enorm gestiegene Fahrgastaufkommen erhöhte sich mit Einführung gesonderter Vororttarife vom 1. Oktober 1891 an unter anderem bis nach Bernau, Oranienburg, Strausberg, Fürstenwalde (Spree), Zossen, Lichterfelde, Potsdam, Werder (Havel) und Nauen weiter. Im Laufe der Jahre veränderten die Preußischen Staatseisenbahnen mehrmals die Zugläufe auf einzelnen Relationen. Zur klassischen West-Ost-Verbindung entwickelte sich die Linie Potsdam – Berlin-Charlottenburg – Berlin Schlesischer Bahnhof – Erkner.

Auf den Fernbahngleisen dominierte neben dem Schnellzugverkehr in den Richtungen Hannover über Stendal und Frankfurt (Main) über Güsten der Vorortverkehr, vorwiegend von Berlin Schlesischer Bahnhof ausgehend nach Osten Richtung Strausberg/Dahmsdorf-Müncheberg (heute Müncheberg [Mark]) und nach Westen anfänglich nach Potsdam – Werder (Havel) und Spandau über Westend und die Hamburger Strecke. Aber auch diese Zugläufe mussten ständig den Bedürfnissen angepasst werden.

Immerhin verkehrten auf den Stadtbahngleisen im Winterfahrplan 1927/28 insgesamt 625 Dampfzüge am Tag. Da nimmt es nicht Wunder, dass bereits lange vor dem Ersten Weltkrieg erste Elektrifizierungspläne ins Gespräch gekommen waren.

Bahnhöfe und Haltepunkte der Stadtbahn

km*	heutige Bezeichnung	Status	heutige Verkehrsbedeutung
0,00	Berlin Ostbahnhof	Bahnhof	Fern-, Vortort- und Stadtbahnverkehr
1,15	Jannowitzbrücke	Haltepunkt	Stadtbahnverkehr
2,17	Alexanderplatz	Bahnhof	Vorort- und Stadtbahnverkehr
2,86	Hackescher Markt	Haltepunkt	Stadtbahnverkehr
3,97	Berlin Friedrichstraße	Bahnhof	Vorort- und Stadtbahnverkehr
5,28	Lehrter Stadtbahnhof	Haltepunkt	Stadtbahnverkehr; durch den am 4.7.2002 vorläufig nur für den Stadtbahnverkehr genutzten Bahnhof Berlin Hauptbahnhof Lehrter Bahnhof ersetzt
7,10	Bellevue	Haltepunkt	Stadtbahnverkehr
8,23	Tiergarten	Haltepunkt	Stadtbahnverkehr (erst 1884 eröffnet)
9,01	Berlin Zoologischer Garten	Bahnhof	Fern-, Vortort- und Stadtbahnverkehr
10,07	Savignyplatz	Haltepunkt	Stadtbahnverkehr (erst 1890 eröffnet)
11,26	Berlin-Charlottenburg	Bahnhof	Fern-, Vortort- und Stadtbahnverkehr

*** Angabe aus dem Jahre 2003**

PALASTHOTEL

Eine bedeutende Errungenschaft – die Straßenbahn

Die ersten Pferdebahnen der Welt fuhren 1852 in New York, zwei Jahre später rollten sie in Paris, 1860 in Birkenhead (England) sowie 1863 in Dänemark und in Belgien. Berlin erhielt das damals neuzeitliche Verkehrsmittel im Jahre 1865 – übrigens die erste Pferdebahn in Deutschland überhaupt.

Bereits 1858 entwarf der ehemalige französische Staatsrat Carteret ein erstes Pferdebahnprojekt für Berlin. Der Bau selbst scheiterte am fehlenden Geld, obwohl die Bahn vom Polizeipräsidium zu Berlin wegen vieler Vorteile im Vergleich zu den herkömmlichen Pferdeomnibussen gewünscht worden war. Immerhin benötigte man für die Bewegung eines Wagens auf Schienen weniger Zugkräfte als auf den meist holperigen Straßen. Außerdem besaßen Pferdebahnen größere Transportkapazitäten und ermöglichten ein angenehmeres und schnelleres Fahren. Die am 5. Mai 1859 erteilte Konzession für das Carteret´sche Vorhaben erlosch, ohne dass der einstige Politiker den Bahnbau begonnen hatte. Inzwischen zählte Berlin rund 800.000 und die Nachbarstadt Charlottenburg etwa 20.000 Einwohner. Das ständig steigende Verkehrsaufkommen zwischen beiden Orten sollte nun durch eine Pferdebahn bewältigt werden. Im Jahre 1863 legten die „Civil-Ingenieure“ v. Binger aus Württemberg und Møller aus Dänemark einen entsprechenden Plan vor. Nachdem man sich über die endgültige Gleisführung geeinigt hatte, erhielt Møller am 23. März 1864 die Konzession zum Bau und Betrieb der Bahn. Doch auch diesem Ingenieur gelang es nicht, das dafür erforderliche Geld aufzubringen.

linke Seite: Als 1903 diese Aufnahme vom Straßenbahnverkehr auf dem Potsdamer Platz entstand, war die Elektrifizierung der Strecken in Berlin bereits vollendet. Allerdings wurden die Gleise im Stadtzentrum weiterhin von mehreren Gesellschaften befahren

Honoratioren und Angestellte der Berliner Pferdeeisenbahn-Gesellschaft haben sich aus Anlass des 90. Geburtstags von Kaiser Wilhelm I., der zugleich preußischer König war, am 22. März 1887 vor dem Schloss Charlottenburg aufgestellt

Vor dem Brandenburger Tor rollte 1879 ein Zug der Großen Berliner Pferde-Eisenbahn-Aktiengesellschaft. Der Wagen 246 war im selben Jahr für diese Gesellschaft von der Firma Herbrandt & Co. in Ehrenfeld bei Köln gebaut worden. Der Einspänner verfügte über zwölf längs angeordnete Sitzplätze

Oben: Offensichtlich hatten die Fotografen am 22. März 1887 viel zu tun, denn es entstanden an jenem Tage mehrere Fotos von der Berliner Pferdeeisenbahn-Gesellschaft. Hier wurden gleich zwei Pferdebahnen mit den Wagen 10 und 40 für den Fototermin aufgestellt

Mehr kaufmännisches Geschick schienen da die Initiatoren der am 11. Mai 1864 gegründeten „Kommandit-Gesellschaft auf Aktien in Firma Berliner Pferdeeisenbahn-Gesellschaft E. Besckow" (BPfE) gehabt zu haben. Besckow übernahm die Konzession von Møller.

Trab ist schnellstes Tempo

Schon am 27. Mai 1865 trat die gleichzeitig in den Städten Berlin und Charlottenburg erlassene „Polizeiverordnung betreffend den Betrieb von Pferde-Eisenbahnen" in Kraft. Sie enthielt zahlreiche Forderungen und Weisungen.

Vorgeschrieben war darin unter anderem, dass das Betriebspersonal von der Polizeibehörde ausgestellte „Fahrscheine" [im heutigen Sprachgebrauch „Führerschein"; Anm.] vorzuweisen und Dienstkleidung zu tragen habe. Außerdem waren die Wagen zu nummerieren und in den Fahrgasträumen Fahrpläne, Tarife und Polizeivorschriften gut sichtbar anzubringen. Und die Vorschriften über die zugelassenen Geschwindigkeiten der Bahnen hieß es lapidar: „Trab ist schnellstes Tempo."

Zu diesem Zeitpunkt prägten vor allem Pferdeomnibuslinien das Nahverkehrsgeschehen in Preußens Hauptstadt. Sie wurden ab 1865 ausschließlich von der „Berliner Omnibus-Gesellschaft G. Busch und S. Rosenberg" betrieben. Ende 1865 bediente das Unternehmen immerhin 24 Linien mit 192 Pferdeomnibussen.

Am 22. Juni 1865 eröffnete die BPfE die erste Pferdebahn in Deutschland. Sie rollte von Charlottenburg bis zum Brandenburger Tor in Berlin und ab August 1865 bis zum Kupfergraben auf der eingleisig und normalspurig angelegten und nunmehr 7,8 Kilometer langen Strecke. Ein Jahr später beförderte das neue Verkehrsmittel in 20 Wagen immerhin 960.600 Fahrgäste. Als Traktionsmittel standen 130 Pferde zur Verfügung.

Neue Gesellschaften und neue Strecken

Schon wenige Jahre danach bestand die Notwendigkeit, weitere Teile Berlins durch zusätzliche Pferdebahnstrecken zu erschließen. Schließlich war Berlin am 18. Januar 1871 Hauptstadt des Deutschen Reichs geworden. Der erwartete Einwohnerzuwachs erforderte mittel- und längerfristig dringend den Ausbau der Verkehrsinfrastruktur und dies in einem bisher nicht gekannten Ausmaß. Das aber hätte die finanziellen Möglichkeiten der BPfE bei weitem überschritten.

Nur wenige Monate nach der Erhebung Berlins zur deutschen Hauptstadt erhielt der Bankier Pinkus am 27. September 1871 die Konzession zum Bau weiterer Pferdebahnen. Pinkus sollte innerhalb von sechs Jahren unter Einbeziehung zahlreicher Vororte Strecken mit einer Länge von rund 160 Kilometern bauen und in Betrieb nehmen. Am 8. November 1871 gründete sich unter Federführung des Bankiers Pinkus die „Große Berliner Pferde-Eisenbahn-Aktiengesellschaft" (GBPfE). Dieses Unternehmen sollte bis 1920 – wenn auch unter wechselnden Firmennamen – das Straßenbahnmonopol in Berlin behalten.

Hinzu kam im März 1872 die „Große Internationale Pferdeeisenbahn", die eine

Pferdebahnstrecke zwischen der Leipziger Straße in Berlin und der Großgemeinde Schöneberg errichtete. Allerdings wurde diese Gesellschaft schon 1878 von der GBPfE übernommen. Zu einem recht bedeutenden Betrieb entwickelte sich die seit dem 8. Mai 1876 bestehende „Neue Berliner Pferdeeisenbahn-Gesellschaft". Sie betrieb Strecken bis zum heutigen Bahnhof Berlin Frankfurter Allee und nach Weißensee.

Die Gemeinde-Pferdebahnen

Auch einige am Rande Berlins gelegene Gemeinden wollten sich die Vorteile der Pferdebahnen nicht entgehen lassen und ließen sich meist auf eigene Rechnung derartige Betriebe einrichten. Allein von 1881 bis 1892 entstanden:

- am 4. Juni 1881 die Pferdebahn der Gemeinde Tegel, die noch im selben Jahr von der GBPfE übernommen wurde,
- am 13. Juni 1885 die Pferdebahn der Gemeinde Rixdorf. 1887 ging dieser Betrieb in den Besitz der GBPfE über.
- am 6. August 1887 die Pferdebahn der Gemeinde Mariendorf nach Tempelhof. Ein Jahr später wurde die GBPfE auch Eigentümer dieses Unternehmens.
- am 1. August 1891 die Pferdebahn der Gemeinde Britz. Die GBPfE führte den Betrieb dieser Bahn auf Rechnung der Gemeinde Britz, um sie zum 1. August 1891 gänzlich zu übernehmen.
- am 1. Juni 1892 die Pferdebahn der Gemeinde Niederschönhausen. Mit der Betriebseröffnung überließ die Gemeinde Niederschönhausen die Bahnanlage kostenlos der GBPfE, die aber dafür unabhängig von Rentabilitätsproblemen den Betrieb aufrecht erhalten musste.
- am 15. Mai 1891 die eigenständige und meterspurige Straßenbahn der Gemeinde Friedrichshagen.

Große Bedeutung erlangte im Verlaufe der Jahrzehnte die am 18. Oktober 1882 eröffnete normalspurige Straßenbahn der Stadt Cöpenick, die im Jahre 1903 auf elektrischen Betrieb umgestellt wurde und erst viel später Anschluss an das Berliner Netz erhalten sollte.

Wichtige Strecken für alle

Um einen sinnvollen Ausbau des Pferdebahnnetzes und eine zweckmäßige Linienführung insbesondere im Berliner Stadtgebiet zu gewährleisten, wurde es notwendig, dass einige Gesellschaften Strecken-

Abschied von der „tierischen Traktion" am 21. August 1902 am Kupfergraben. Die Große Berliner Pferde-Eisenbahn-AG setzte tags darauf ausschließlich „Electrische Bahnen" ein. Es handelt sich hier um einen Wagen aus der Reihe 201 bis 221, die 1876 von derWagenfabrik Stephenson in New York gebaut wurde

Oben: Reger Betrieb herrschte im Jahre 1896 auf dem Spittelmarkt

Strassenbahnhof
Mausoleum
No 1.
No 1. Berliner P

Traditionsbewusstsein gibt es nicht erst seit den letzten Jahrzehnten des 20. Jahrhunderts. Die Berliner Pferdeeisenbahn-Gesellschaft hatte den Doppeldecksitzwagen mit der Nummer 1 im Jahre 1865 von der Hamburger Wagenfabrik Lauenstein bauen lassen. Der Zweiachser wurde um 1900 ausgemustert und als Technikdenkmal für die Nachwelt hinterstellt. Die Aufnahme vom liebevoll restaurierten Oldtimer entstand am 25. April 1987 im Betriebshof Britz der BVG, als das Fahrzeug der interessierten Öffentlichkeit präsentiert wurde

Ein Rowanscher Dampftriebwagen aus dem Jahre 1888 des Berliner Straßenbahn-Konsortiums für die Strecke Nollendorfplatz – Grunewald

Auf der Fahrt zum Brandenburger Tor im Jahre 1890: Wagen 892 der Großen Berliner Pferde-Eisenbahn-Aktiengesellschaft, gebaut von Herbrandt in Ehrenfeld bei Köln im selben Jahr. Der Zweiachser wurde 1900 für den elektrischen Betrieb hergerichtet

abschnitte „fremder" Gesellschaften mitbenutzen. Da dieses Erfordernis häufig nicht auf die Gegenliebe der einzelnen Verkehrsbetriebe stieß, die am liebsten in parallel verlaufenden Straßenzügen eigene Gleise angelegt hätten, sahen sich der Berliner Magistrat und die Polizeibehörde 1884 veranlasst, insbesondere die GBfE zu verpflichten, auf ihren Gleisen, die überwiegend in den der Stadt Berlin gehörenden Straßen lagen, auch das Verkehren von Pferdebahnen anderer Gesellschaften zuzulassen. Wenig später gestatteten einige andere Gesellschaften der GBfE ebenfalls, deren Gleise zu nutzen. In diesem Zusammenhang verrechneten die Pferdebahnbetriebe untereinander Entgelte, übrigens ein Verfahren, das auf Deutschlands Eisenbahnstrecken seit 1994 durch die Bahnreform wieder große Bedeutung gewinnt.

Erst ein Jahrzehnt später wurde den Pferdebahngesellschaften gestattet, die bekannte Straße Unter den Linden zu queren. Die Bahnen konnten nun auch im Bereich der Innenstadt in Nord-Süd-Richtung verkehren. 1895 wurden in der Millionenstadt Berlin bereits 55 Pferdebahnlinien auf einem 364 Kilometer langen Gleisnetz betrieben. In jenem Jahr beförderten die Betriebe insgesamt 164 Mio. Fahrgäste.

Mit Dampf durch die Straßen

Schon Mitte der 1870er-Jahre versuchten einige Straßenbahngesellschaften, ihren Betrieb mithilfe anderer Traktionsmittel leistungsfähiger und wirtschaftlicher zu gestalten. Die GBfE setzte 1876 erstmals Dampfstraßenbahnlokomotiven ein. Dieser Betrieb musste jedoch nach wenigen Tagen wegen technischer Mängel abgebrochen werden. Vom 20. April 1878 an gab es Versuchsfahrten mit Dampfstraßenbahnlokomotiven zwischen Kupfergraben und Charlottenburg. Sie wurden im August 1878 wieder eingestellt, da der Gleisunterbau für die vergleichsweise schweren Lokomotiven nicht geeignet war und sich zudem die Anwohner über eine erhebliche Belästigung durch Rauch und Ruß beklagt hatten.

Doch die GBfE ließ sich nicht davon abbringen, die Dampfkraft weiter zu nutzen. Im Jahre 1880 wurde zwischen Pankow und Schönhauser Tor ein Linienverkehr mit Dampfstraßenbahnloks aufgenommen. Lärm- und Geruchsbelästigungen führten wiederum zu derartig deftigen Beschwerden, sodass die GBfE schon nach vier Wochen gezwungen war, den Dampfbetrieb aufzugeben.

Schließlich gelang es der im Westen Berlins agierenden Kurfürstendamm-Gesellschaft mit der Dampftraktion Fuß zu fassen. Jene Gesellschaft eröffnete am 5. Mai 1886 eine Dampfstraßenbahnlinie vom Zoologischen Garten nach Halensee. Diese Verbindung sollte das zahlungskräftige Bürgertum zum Kauf von Grund und Boden in dieser Gegend anregen. Diese Überlegung schien durchaus richtig gewesen zu sein, denn bereits ab 10. September 1887 dampfte die Straßenbahn planmäßig über Halensee hinaus bis nach Grunewald. Ein Jahr später gründete sich zum Ausbau des Streckennetzes in den südwestlichen Vororten ein Dampfstraßenbahnkonsortium. Bis 1892 dann kamen „Dampfbahn-Verbindungen" bis nach Schöneberg, Wilmersdorf, Schmargendorf, Friedenau und Steglitz hinzu, die aber nicht mit dem Berliner Netz verbunden wurden.

Eine der 1888 von Hohenzollern gebauten Bn2t-Tramwaylokomotiven für das Berliner Straßenbahn-Konsortium zehn Jahre später am Winterfeldtplatz in Schöneberg

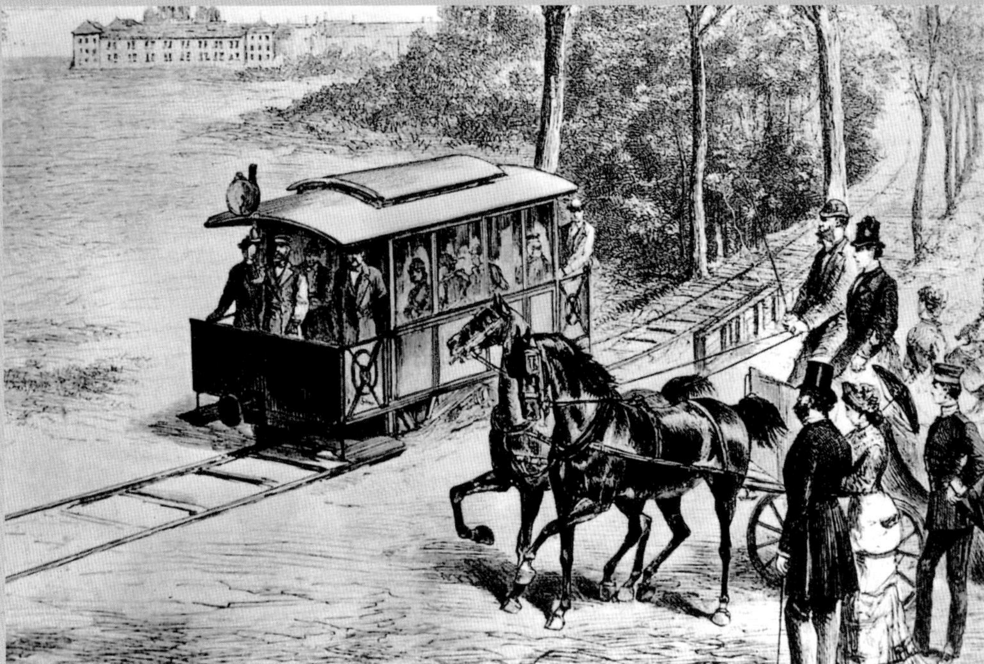

Auf dieser zeitgenössischen Darstellung wurde die erste elektrische Straßenbahn der Welt festgehalten. Sie verkehrte ab 1881 in Groß-Lichterfelde bei Berlin. Der Fahrstrom gelangte über die Fahrschienen in die Motoren

Triebwagen 262 der Berlin-Charlottenburger Straßenbahn. Das Fahrzeug wurde 1899 in Dessau gebaut. Die elektrische Ausrüstung lieferte die Siemens AG, Berlin

Strom statt Dampf – ein neues Straßenbahnzeitalter

Am 16. Mai 1881 wurde unter Federführung von Werner Siemens die erste elektrische Straßenbahn der Welt in Groß-Lichterfelde bei Berlin zwischen dem Bahnhof der Anhalter Bahn und der Hauptkadettenanstalt eröffnet. Die 2,45 Kilometer lange und meterspurige Strecke konnte auf der Trasse einer stillgelegten Anschlussbahn verlegt werden. Die mit 180 V Gleichspannung betriebenen Fahrzeuge erhielten den Strom zunächst über die Fahrschienen. Da sich dieses System auf Dauer nicht bewährte, führte Siemens 1887 versuchsweise Doppelbügelstromabnehmer und die dafür erforderliche Oberleitung ein. Das Meterspurnetz der Lichterfelder Straßenbahn wurde bis 1892/93 weiter ausgebaut. Gleichzeitig gelangten dort Bügelstromabnehmer zum Einsatz.

Von 1882 an gab es einen elektrischen Versuchsbetrieb auf der Westend-Linie zwischen Charlottenburg und Spandauer Bock. Ein achträdriger vom Triebwagen gezogener Kontaktwagen rollte auf der zweipoligen Oberleitung. Das System bewährte sich nicht und wurde 1883 aufgegeben.

Ein kurzes Intermezzo – Straßenbahnen mit Akkumulatoren

Im Juni 1886 setzte das seit 1875 als „Berliner Pferdeeisenbahn-Gesellschaft, Kommandit-Gesellschaft auf Aktien J. Lestmann & Co." (BPfE) und von Besckow gegründete Unternehmen zwischen Charlottenburg und dem Lützowplatz Akkumulatortriebwagen ein. Die Hoffnungen auf eine Alternative zur längst nicht mehr befriedigenden Pferdekraft schwanden nach mehrfachen Gleis- und Wagenschäden innerhalb weniger Wochen

Die Kommanditgesellschaft BPfE wurde zum 26. September 1894 in eine Aktiengesellschaft namens Berlin-Charlottenburger Straßenbahn" (BChSt) umgewandelt. Im selben Jahr liebäugelte die BChSt erneut mit der Einführung des Akkumulatorenbetriebs, da die öffentliche Meinung vorherrschte, Oberleitungen würden das Straßenbild der Reichshauptstadt verunzieren. Und tatsächlich nahm die BChSt am 3. August 1897 den planmäßigen Verkehr mit Akkumulatorenwagen zwischen Brandenburger Tor und Charlottenburg auf, der ab September 1897 bis zum Kupfergraben ausgedehnt wurde. Vom 1. Januar 1899 an fand zwischen Berlin und Charlottenburg ein gemischter Akku-Oberleitungsbetrieb statt, da die Akkutriebwagen immer wieder störanfällig waren und sich die Fahrgäste über die lästigen Säuredämpfe beschwerten.
Am 26. September 1900 verfügte die zuständige Aufsichtsbehörde, den Antrieb mit Akkumulatoren endgültig aufzugeben. Dieser „Traktionswechsel" dürfte wenig später zugunsten der „Elektrischen" abgeschlossen worden sein. Als Alternative zu den als störend empfundenen Oberleitungen mangelte es nicht an Versuchen, den Strom über unterirdische Schienen zu führen. Dieses – nicht nur in Berlin erprobte – System bewährte sich nicht, da es besonders bei Nässe, Frost und Schnee selten funktionierte.

Blick auf einen Maximum-Triebwagen der Linie 71 am Potsdamer Platz. Das 25-Jährige „Dienstjubiläum" von Kaiser Wilhelm II. am 15. April 1913 veranlasste den Berliner Magistrat, die Stadt mit Girlanden und Fahnen zu schmücken

Keine Alternative zur Oberleitung

Seit dem 5. Juni 1892 fuhren in der Nachbarstadt Spandau ebenfalls Straßenbahnen. Eigentümer und Betreiber war die „Spandauer Straßenbahn Simmel, Matzky und Müller". Zunächst zogen auch in der Havelstadt Pferde die auf meterspurigen Gleisen rollenden Wagen. 1894 übernahm die Allgemeine Deutsche Kleinbahn-Gesellschaft (ADKG) den Straßenbahnverkehr. Die ADKG beauftragte die AEG mit der Elektrifizierung des Netzes. Vom 24. Juni 1896 an verkehrten in Spandau ausschließlich elektrische Bahnen und am 4. März 1899 erwarb die AEG die Spandauer Straßenbahn von der ADKG.
Im Jahre 1896 begannen die Berliner Stra-

ßenbahngesellschaften, ihre Strecken systematisch zu elektrifizieren. Der Umbau der Gleise und die Installation der elektrischen Anlagen ging einher mit der Beschaffung neuer Fahrzeuge. Die beträchtlichen Investitionen zwangen auch dazu, dass inzwischen Jahrzehnte alte Gesellschaften mit den großen fusionierten oder sich ihnen als Tochterunternehmen anschlossen. Außerdem wurden völlig neue Straßenbahnbetriebe gegründet, die ihre Strecken von Anfang an elektrisch betrieben.

Am 1. Mai 1896 führte die GBPfE aus Anlass der Gewerbeausstellung im Treptower Park, die einer Weltausstellung gleich kam, den elektrischen Oberleitungsbetrieb auf den Strecken Zoologischer Garten – Treptow, Lindenstraße (Ecke Ritterstraße) – Treptow und Glogauer Straße – Treptow ein. Noch ein Jahr zuvor betrieb die GBPfE ein 284 Kilometer langes Gleisnetz ausschließlich mit 6.056 (!) Pferden und 1.087 Wagen.

Schließlich unterzeichneten die Stadt Berlin, die GBPfE und die Neue Berliner Pferdeeisenbahn am 2. Juli 1897 eine Zustimmungsvertrag genannte Vereinbarung, in der sich beide Verkehrsbetriebe verpflichteten, alle noch mit Pferdekraft betriebenen Strecken innerhalb von fünf Jahren zu elektrifizieren. Angesichts dieser gewaltigen Pläne änderte die GBPfE am 25. Januar 1898 ihren Namen in „Große Berliner Strassenbahn AG" (GBS), denn Pferde hatten als „Traktion" für die Straßenbahnen der Reichshauptstadt keine Zukunft mehr. Zum 1. Januar 1900 übernahm die GBS die „Neue Berliner Pferdeeisenbahn-Gesellschaft".

Expansion ohne Beispiel

Bereits 1897 hatte die Hochbahngesellschaft (siehe ab Seite 26) begonnen, eine so genannte Flachbahn zu projektieren, die als Fortsetzung der Hochbahn in Gestalt einer Straßenbahn von der Warschauer Brücke zum „Central-Viehhof" führen sollte. Die Strecke wurde am 1. September 1901 eröffnet. Am 4. Juli 1898 nahm die „Aktiengesellschaft Südliche Berliner Vorortbahnen" (SBV) ihre Arbeit auf. Die SBV ging aus dem am 25. Juni 1897 gebildeten „Konsortium der Südlichen Vorortbahn" hervor und förderte den Bau von elektrischer Straßenbahnen in den Vororten Schöneberg, Tempelhof, Britz, Lankwitz und Rixdorf sowie in Berlin. Die GBS hielt 50 Prozent der SBV-Aktien. Dagegen übernahm die ebenfalls seit 1898 existierende Westliche Berliner Vorortbahn (WBV) das Dampfstraßenkonsortium und ließ die „Dampfbahnstrecken" bis August 1900 elektrifizieren. Die im Februar 1899 gebildete Gesellschaft „Berliner Ostbahnen" (BO), die die Strecke durch den 454 Meter langen und anlässlich der Gewerbeausstellung 1896 eingeweihten Spreetunnel betreiben sollte, übernahm diese Aufgabe am 18. Dezember 1899.

Die „Spreetunnellinie" begann am Schlesischen Bahnhof (heute Berlin Ostbahnhof) und endete in Treptow. Vom 1. Juli 1899 an gab es außerdem die „Berliner Elektrischen Straßenbahnen AG". Sie führte den elektrischen Betrieb auf den 1895 und 1898 von Siemens & Halske gebauten und eröffneten Strecken im Raum Pankow, Wedding und der Berliner Innenstadt weiter. Und am 21. Oktober 1899 eröffnete die „Continentale Gesellschaft elektrischer Unternehmen" mit dem Sitz in Nürnberg eine neu erbaute Straßenbahnstrecke nach Hohenschönhausen, einer damals noch zum Kreis Niederbarnim gehörenden Gemeinde.Durch die Expansion des elektrischen Straßenbahnbetriebs hatte der Pferdeomnibus im Jahre 1900 am Gesamtverkehr der Stadt Berlin nur noch einen Anteil von sieben bis acht Prozent. Allein die GBS bediente 1900 bereits 43 Linien elektrisch. Im Februar 1901 meldeten die Lokalzeitungen Berlins den kompletten Abschluss der Elektrifizierung des Streckennetzes der BChSt. Eineinhalb Jahre später, am 21. August 1902, stellte die GBS ihre letzte Pferdebahnlinie in der Innenstadt, Großgörschenstraße – Wedding, auf elektrischen Betrieb um. Am 15. Dezember 1902 fuhr auch auf der letzten GBS-Außenstrecke Tegeler Chaussee – Dalldorf (heute Wittenau) anstelle der Pferdebahnen die „Elektrische".

Im ersten Jahrzehnt des neuen Jahrhunderts

Obwohl sich die Pferdebahn längst überlebt hatte, entschied sich die Gemeinde Französisch Buchholz noch 1904 aus finanziellen Gründen für einen solchen Betrieb. Allerdings war von vornherein mittelfristig eine Elektrifizierung vorgesehen.

Auch in den südlich Berlins gelegenen Vororten überschlugen sich die Ereignisse um den Straßenbahnausbau. Am 3. Dezember 1905 eröffnete die damals größte Gemeinde Preußens, Steglitz, ihre erste „eigene" und selbstverständlich elektrisch betriebene Straßenbahn vom dortigen Bahnhof bis zum Grunewald.

Vom 1. April 1906 an übernahmen die neu gegründeten Teltower Kreisbahnen (TKB) die „Elektrische Straßenbahn Lichterfelde – Lankwitz – Steglitz – Südende" (Meterspur) und die „Aktiengesellschaft Dampfstraßenbahn Groß Lichterfelde – Seehof – Teltow – Stahnsdorf" (Normalspur), auf der am 30. März 1907 der elektrische Betrieb eingeführt wurde. Am 5. Juni 1909 eröffneten die TKB die normalspurige Straßenbahnstrecke Adlershof – Altglienicke.

Im Dezember 1906 ging die Straßenbahn der Gemeinde Friedrichshagen in das Eigentum der Cöpenicker Straßenbahn über. Sie wurde dann auf Normalspur umgebaut und mit dem Cöpenicker Netz verbunden.

Am 10. Dezember 1906 ging die Strecke nach Hohenschönhausen in den Besitz der „Neue Berliner Straßenbahn Nordost" über. Doch scheint dieses Unternehmen später in finanzielle Schwierigkeiten geraten zu sein. Denn am 13. Mai 1910 erwarb die GBS dessen Aktien. Fortan firmierte die Hohenschönhausener Strecke als „Nordöstliche Berliner Vorortbahn".

Diese Gesellschaft besaß im Jahre 1912 zwar nur sechs Kilometer Strecke, 14 Triebwagen und 18 Beiwagen, fuhr aber auch auf Gleisen anderer Straßenabhn-Gesellschaften, um beispielsweise eine direkte Verbindung zwischen Hohenschönhausen und dem Alexanderplatz herzustellen.

Triebwagen 4790 am Kupfergraben um 1920. Falkenried in Hamburg baute das Maximumfahrzeug im Jahre 1913

Triebwagen 4338 der meterspurigen Straßenbahn in Lichterfelde im Jahre 1930, kurz vor Einstellung des Betriebs

ganz oben: Triebwagen 5 gehörte zu den so genannten Tunnelwagen der Berliner Ostbahnen, hier im 1899 eröffneten Spreetunnel. Offensichtlich handelt es sich um eine Vorführfahrt

unten: Ein Triebwagen kurz vor Einfahrt in den im Dezember 1916 eröffneten Lindentunnel

Berlins erster eigener Straßenbahnbetrieb

Nicht immer war der Berliner Magistrat mit den Entscheidungen einzelner Straßenbahnunternehmen einverstanden. Bereits 1895 diskutierten die Stadtväter deshalb über Möglichkeiten zur Erweiterung ihres Handlungsspielraums, um verkehrspolitische Probleme schneller lösen zu können. Aber erst am 1. Juli 1908 konnten die „Städtischen Straßenbahnen in Berlin" (SSB) aus der Taufe gehoben werden, die gleichzeitig ihre ersten beiden Linien im Norden der Stadt eröffneten.

Zum 1. Juli 1909 übernahm die Stadt Spandau das Netz Spandauer Straßenbahn, nachdem es bereits 1906/07 auf Normalspur umgebaut worden war. Im selben Jahr sorgte die zunächst selbstständige „Elektrische Straßenbahn Nonnendamm-Spandau" für eine bessere Erschließung der Spandauer Region. Im Jahre 1914 wurde dieser normalspurige Betrieb in die Spandauer Straßenbahn integriert. Erst während des Ersten Weltkriegs erhielt die Spandauer Straßenbahn eine direkte Verbindung mit dem Berliner Netz.

Indes konnte die GBS ihre Vormachtstellung weiter ausbauen. Das Unternehmen betrieb im Jahre 1911 insgesamt 113 Linien, davon eine Linie außerhalb Berlins. Das letzte neu gegründete Unternehmen im Berliner Vorortbereich vor dem Ersten Weltkrieg war die auf Initiative der Gemeinde Schmöckwitz gegründete Schmöckwitz-Grünauer Uferbahn. Diese normalspurige

Straßenbahn zwischen dem Bahnhof Grünau und Schmöckwitz wurde am 9. März 1912 mit Benzoltriebwagen eröffnet, jedoch schon im Herbst 1912 auf elektrischen Betrieb umgestellt.

Die Straßenbahnen in der Zeit des Zweckverbands

Am 1. April 1912 trat das Gesetz zum „Verband Groß Berlin" in Kraft. Diesem Zweckverband gehörten die Städte Berlin, Charlottenburg, Köpenick, Lichtenberg, Schöneberg, Rixdorf (Neukölln), Spandau und Wilmersdorf an. Hinzu kamen Gemeinden aus den Landkreisen Teltow und Niederbarnim. Der Zweckverband bemühte sich fortan – so gut es ging – unter anderem um eine einheitliche Verkehrspolitik. Auf seinem Territorium existieren die

- Große Berliner Straßenbahn,
- Berlin-Charlottenburger Straßenbahn,
- Westliche Berliner Vorortbahn,
- Nordöstliche Berliner Vorortbahn,
- Südliche Berliner Vorortbahn,
- Berliner Ostbahnen,
- Berliner Elektrische Straßenbahnen,
- Flachbahn der Hochbahngesellschaft,
- Teltower Kreisbahnen,
- Städtische Straßenbahn Cöpenick,
- Städtische Straßenbahnen Berlin,
- Spandauer Straßenbahn,
- Schmöckwitz-Grünauer Uferbahn und
- Straßenbahn der Gemeinde Heiligensee.

Im Jahre 1913 beförderten diese Unternehmen insgesamt 623.751 Mio. Fahrgäste.

Während des Ersten Weltkriegs konnte das Straßenbahnnetz des Zweckverbands kaum erweitert werden. Doch gelang es im Dezember 1916, den ausschließlich für den Straßenbahnverkehr genutzten Lindentunnel in Betrieb zu nehmen. Um dieses Bauwerk zur Unterquerung der Prachtstraße Unter den Linden wurde lange Zeit gestritten und schließlich gelang es vor allem durch die Initiative der SSB, den Tunnel doch noch zu errichten.

Ein erster, aber sehr wesentlicher Schritt zur Vereinheitlichung aller Berliner Straßenbahnbetriebe gelang zum 1. Januar 1918 durch die Vereinigung der Großen Berliner Straßenbahn mit ihren Tochtergesellschaften Berlin-Charlottenburger Straßenbahn, Westliche Berliner Vorortbahn, Südliche Berliner Vorortbahn und Nordöstliche Berliner Vorortbahn. Vom 1. Januar 1919 an wurden alle Straßenbahnen des Zweckverbands auf dessen Rechnung betrieben. Dieser Kurs konnte fortgesetzt werden: Am 15. Juli 1919 kaufte der Zweckverband die Große Berliner Straßenbahn, am 8. September 1919 ebenfalls die Berliner Ostbahnen.

Eine neue Etappe – die Straßenbahnen in Groß Berlin

In der Geschichte Berlins gilt der 1. Oktober 1920 als ein besonderes Datum. Von diesem Tage an gab es die Einheitsgemeinde „Groß Berlin" bei gleichzeitiger Auflösung des Zweckverbandes. Acht Stadtgemeinden – eingeschlossen Berlin –, 59 Gemeinden und 27 Gutsbezirke gehörten nun zur Reichshauptstadt, die sich auf einer Fläche von 878 km² erstreckte und in der fortan 3.864.000 Einwohner lebten.

Nachdem am 1. Dezember 1920 Groß Berlin Eigentümer der 1913 eröffneten Straßenbahn des nunmehrigen Ortsteils Heiligensee geworden war, vereinigten sich zwölf Tage später die Große Berliner Straßenbahn und die Städtischen Straßenbahnen Berlins zur „Berliner Straßenbahn". Zum 16. April 1921 gingen schließlich die Teltower Kreisbahnen und die Grunewaldbahn (Straßenbahn der ehemaligen Gemeinde Steglitz) in das Eigentum von Groß Berlin über. Die Meterspurstrecken im Raum Lichterfelde wurden zum 15. Februar 1930 endgültig stillgelegt und durch Autobusse ersetzt.

Noch einmal setzte man auf den Benzolantrieb. Am 8. Januar 1923 nahm die Berliner Straßenbahn zwischen Spandau West und Hennigsdorf im Kreis Osthavelland den Betrieb mit Benzoltriebwagen auf. Die Züge dieser Linie nutzten teilweise die Trasse der normalspurigen Kleinbahn Bötzow – Berlin-Spandau mit. Die Benzolstraßenbahnfahrzeuge mussten deshalb den Bau- und Betriebsvorschriften sowohl der Eisenbahn als auch der Straßenbahn entsprechen.

Vom Kommunalbetrieb über eine GmbH zur AG

Der 9. September 1923 gehört zu den historisch wichtigsten Tagen in den Annalen der Berliner Straßenbahn. An diesem Tag rollte nicht eine einzige Straßenbahn in der Millionenstadt. Das größte kommunale Straßenbahnunternehmen Deutschlands war im Strudel der galoppierenden Geldentwertung plötzlich zahlungsunfähig geworden. Einen Tag später übernahm die innerhalb weniger Stunden gegründete „Berliner Straßenbahn-Betriebs-G.m.b.H." die kommunale Gesellschaft „Berliner Straßenbahn" und führte die Geschäfte nunmehr nach streng umrissenen kaufmännischen Gesichtspunkten. Um den Fahrzeugpark zu vereinheitlichen, entschied das Unternehmen gleich nach Einführung der Rentenmark, in den kommenden Jahren ältere Fahrzeuge auszumustern oder grundlegend zu modernisieren, aber vor allem 1.600 neue Trieb- und Beiwagen zu beschaffen. Einen solchen Großauftrag hatte es bis dahin in der deutschen Straßenbahngeschichte noch nie gegeben.

Am 1. April 1928 ging mit der Flachbahn der Hochbahngesellschaft der bis dahin letzte noch selbstständige innerstädtische Straßenbahnbetrieb in den Besitz der Straßenbahn-Betriebs-G.m.b.H. über.

Das große Ziel des Magistrats von Groß Berlin bestand darin, mit Ausnahme des von der Deutschen Reichsbahn-Gesellschaft betriebenen Personennahverkehrs in Berlin auch die anderen Verkehrsträger künftig in einem Großunternehmen zu vereinigen. Die dafür erforderlichen Vorbereitungen übernahm ab 30. November 1928 die „Berliner Vorbereitungs-A.G.". Sie firmierte vom Dezember 1928 an als „Berliner Verkehrs-Aktiengesellschaft" (BVG). Am 1. Januar 1929 nahm die BVG ihre Arbeit auf und vereinigte betrieblich und verwaltungstechnisch die Straßenbahn, U-Bahn und Omnibus.

Auf Viadukten und im Untergrund – die U-Bahn

Nachdem Werner Siemens am 31. Mai 1879 auf der Gewerbeausstellung in der Nähe des Lehrter Bahnhofs die erste elektrische und 7 km/h schnelle Lokomotive der Welt vorgestellt hatte, erläuterte Siemens am 9. Juni 1879 vor dem „Verein für Gewerbefleiß" seine Vorstellungen über den Bau und Betrieb einer elektrisch betriebenen Hängebahn.

Keine Chance wegen „Unstatthaftigkeit"

Die Firma Siemens & Halske bat schließlich am 14. Februar 1880 beim Berliner Polizeipräsidium um die Konzession für eine „electrische Standhochbahn" zwischen Belle-Alliance-Platz und Wedding. In diesem Bereich befanden sich zahlreiche Industriebetriebe, die ein reges Fahrgastaufkommen versprachen. Das Projekt wurde wegen „Unstatthaftigkeit" abgelehnt.

Obwohl die am 16. Mai 1881 eröffnete erste elektrische Straßenbahn der Welt in Groß-Lichterfelde bei Berlin schnell die Vorteile der elektrischen Energie als Antriebsmittel insbesondere für schienengebundene Fahrzeuge überzeugend unter Beweis stellte, blieben Berlins Kommunalpolitiker skeptisch und ließen sich nur zögerlich von den Vorteilen eines elektrischen Betriebs überzeugen.

So vergingen weitere zehn Jahre bis sich Werner v. Siemens 1891 öffentlich über die Notwendigkeit eines Hoch- und Untergrundbahnnetzes in Berlin aussprach. Im Jahre 1893 vorgelegte Untersuchungsergebnisse ergaben, dass zwischen Warschauer Brücke und Nollendorfplatz der größte Bedarf an einem leistungsfähigen Verkehrsmittel bestand. Dieser Erkenntnis konnte sich auf Dauer der Berliner Magistrat nicht verschließen und signalisierte erstmals Zustimmung für eine solche Bahnanlage, drängte aber auf die Ausführung in Gestalt einer Hochbahn. Doch sollte sich bald zeigen, dass ein elektrisch betriebenes und ausschließlich oberirdisch angelegtes Schnellbahnnetz in Berlin nicht zu realisieren war.

Bedrohte Lebenswerke bekannter Persönlichkeiten

Leidenschaftliche Gegner von unterirdisch geführten Schnellbahnstrecken waren der weltbekannte Mediziner Dr. Rudolf Virchow (1821–1902) und James Hobrecht (1815–1902). Sie galten als die Väter des im Wesentlichen von 1874 bis 1884 geschaffenen unterirdischen Abwassersystems in der Reichshauptstadt. Beide fürchteten, dass durch den U-Bahnbau das gerade entstandene und in der Fachwelt als „revolutionär" geltende Abwasser-Kanalnetz Schaden nehmen würde. Hinzu kamen die komplizierten Bodenverhältnisse in Berlin mit ihren Schwemmsandlagern und dem vergleichsweise hohen Grundwasserspiegel. Deshalb lehnte die Berliner Tiefbauverwaltung zunächst den Bau von Verkehrsanlagen unterhalb der Erdoberfläche ab.

Letztendlich verzögerten diese Gründe den Hoch- bzw. U-Bahnbau in Deutschlands Reichshauptstadt. Immerhin rollten in Europa die ersten elektrisch betriebenen Bahnen dieser Art ab 1890 in London, ab 1896 in Glasgow und Budapest – hier die erste Untergrundbahn auf dem europäischem Festland – und ab 1900 in Paris.

Eingriff in alte Zustände

Am 15. März 1896 gestatteten die Städte Berlin und Charlottenburg und die Gemeinde Schöneberg, die erst zwei Jahre später zur Stadt erhoben werden sollte, endlich den von den Schnellbahn-Befürwortern lang ersehnten „Eingriff in die alten Zustände". Die Grundlage dafür bildete die am selben Tage erlassene Genehmigung nach dem preußischen Kleinbahngesetz von 1892 für den Streckenbau und -betrieb zwischen Warschauer Brücke und Nollendorfplatz und zwar ausschließlich als Hochbahn. Sie setzte breite Straßenzüge voraus, die aber

Der Maler U. Becker hielt diese U-Bahn-Szene vom 1906 eröffneten Bahnhof Bismarckstraße – heute Deutsche Oper – fest. Das Kunstwerk dürfte vor dem Ersten Weltkrieg entstanden sein

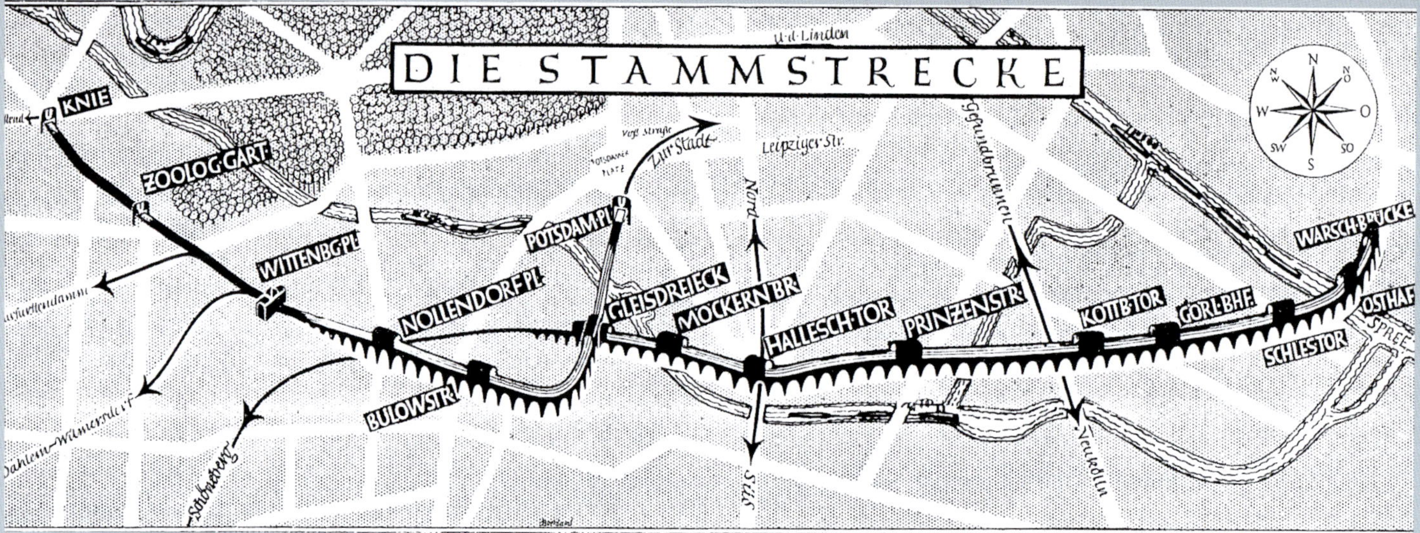

Verlauf der ersten U-Bahn-Strecken in Berlin von der Warschauer Brücke bis zum Knie (heute Ernst-Reuter-Platz) mit dem Abzweig zum Potsdamer Platz. Die als Hochbahn geführten Abschnitte sind mit Zacken gekennzeichnet

Direkt am Potsdamer Fernbahnhof befand sich die „Empfangshalle" als Zugang zur ersten U-Bahn-Station am Potsdamer Platz, die nur bis 1907 in Betrieb war. Die Aufnahme entstand im Jahre 1902

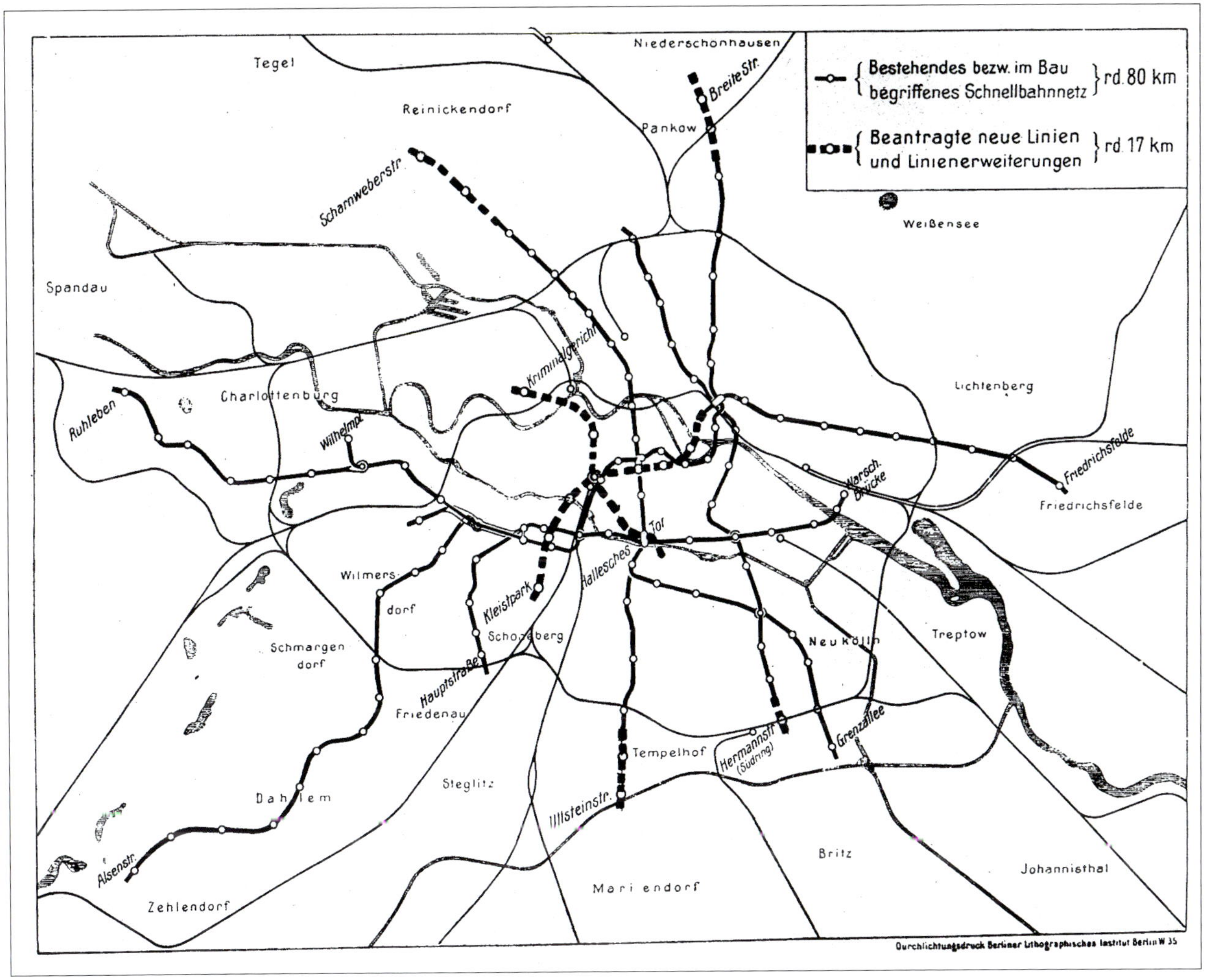

Das Berliner Schnellbahnnetz im Jahre 1930. Die gestrichelt dargestellten Linien sollten nach dem „Verkehrsentwicklungsplan des Magistrats von Groß Berlin" vom April 1929 in den 1930er-Jahren gebaut werden, wurden aber zum Teil erst Jahrzehnte später errichtet oder gar gänzlich verworfen

für die zwischenzeitlich geforderte Erweiterung bis zum Zoo nicht dem „schönen Stadtbild" im „vornehmen Westen" der Metropole geopfert werden sollten bzw. auch gar nicht zur Verfügung standen. Mit dem ersten Spatenstich in der Gitschiner Straße am 10. September 1896 begann der Hochbahnbau in Berlin.

Am 13. April 1897 wurde die „Gesellschaft für elektrische Hoch- und Untergrundbahnen" (kurz Hochbahngesellschaft) mit einem Kapital von 12,5 Mio. Mark gegründet. Inzwischen rang sich Berlins Stadtverwaltung doch dazu durch, den Bau künftiger Schnellbahntrassen durch den Untergrund zu erlauben. Ebenso hielt der Magistrat der Stadt Charlottenburg den U-Bahnbau für notwendig. Noch im selben Jahr genehmigte man die Führung als Untergrundbahn hinter dem Nollendorfplatz in Richtung Zoo und eine vom künftigen Gleisdreieck ausgehende Stichstrecke bis in den ebenfalls unterhalb der Erdoberfläche anzulegenden Bahnhof Potsdamer Platz. Ein wichtiger Durchbruch zugunsten unterirdischer Strecken war damit gelungen.

Im Verlauf des Jahres 1899 standen der Hochbahngesellschaft die ersten beiden U-Bahn-Wagen zur Verfügung, die zunächst für Versuchszwecke genutzt und später zu Arbeitsfahrzeugen umgebaut werden sollten. Bis 1902 folgte die Lieferung der ersten 66 Serienfahrzeuge, die später als Bauart AI bekannt wurden und sich nach anfänglichen Kinderkrankheiten bestens bewährten. Bis 1926 folgten in leicht modifizierten Formen weitere 384 Trieb- und 265 Beiwagen dieses Typs.

Mit und ohne Minister

Ende 1901 konnten die Arbeiten an der 6,4 Kilometer langen Hochbahnstrecke zwischen Stralauer Tor – dieser im Zweiten Weltkrieg völlig zerstörte Bahnhof wurde nicht wieder aufgebaut – und Potsdamer Platz abgeschlossen werden. Der Probebetrieb verlief ohne nennenswerte Störungen, sodass der Inbetriebnahme der ersten

Das Hochbahnunglück am 26. September 1908 sorgte in der Öffentlichkeit für viel Unruhe. Nicht wenige Berufsfotografen hielten das Ereignis im Bilde fest

elektrisch betriebenen Schnellbahn in Berlin nichts mehr entgegenstand.

Zunächst fand am 15. Februar 1902 die so genannte Ministerfahrt vom Stralauer Tor zum Potsdamer Platz statt. Sie hatte die Hochbahngesellschaft zu Ehren von Carl v. Thielen (1832–1906) in seiner Eigenschaft als preußischer Minister der öffentlichen Arbeiten organisiert. Carl v. Thielen gilt nicht nur als geistiger Vater des preußischen Kleinbahngesetzes, sondern förderte auch den Schnellbahnbau in der Reichshauptstadt nach Kräften. Drei Tage später konnte die Strecke feierlich in Betrieb genommen werden.

Bereits am 11. März 1902 rollten die Züge auf der Verlängerung vom Potsdamer Platz über das Gleisdreieck zum Zoo. Mit der Vollendung des Gleisdreiecks wurde vom 25. März 1902 an außerdem die Verbindung Stralauer Tor – Zoo betrieben. Ab 17. August 1902 endeten und begannen die Züge nicht mehr auf dem Hochbahnhof Stralauer Tor, sondern fuhren über die Oberbaumbrücke bis zum neuen Endpunkt Warschauer Brücke. Schließlich wurde am 14. Dezember 1902 der Abschnitt Zoo – Knie eröffnet. Damit war das Berliner Schnellbahnnetz auf eine Betriebslänge von 10,749 Kilometer angewachsen.

In Etappen erweitert

Neben dem weiteren Streckenausbau investierte die Hochbahngesellschaft außerdem in die Weiterentwicklung der Fahrzeugtechnik. Von 1906 an erhielten zahlreiche Triebwagen eine Vielfachsteuerung. So konnten bis zu vier Triebwagen von einem Führerstand aus bedient und damit höhere Beförderungskapazitäten pro Zug angeboten werden.

Am 14. Mai 1906 wurde die Strecke Knie – Wilhelmplatz über Bismarckstraße eröffnet. Im September 1907 kam der neue U-Bahnhof Leipziger Platz (später Potsdamer Platz) hinzu. Er galt als Voraussetzung, um die U-Bahn bis in das Stadtzentrum verlängern zu können. Den ursprüngliche U-Bahnhof Potsdamer Platz gab man auf und nutzte ihn für innerbetriebliche Zwecke.

Während am 29. März 1908 die Neubaustrecke Bismarckstraße – Reichskanzlerplatz feierlich dem öffentlichen Verkehr übergeben werden konnte, sorgte ein halbes Jahr später, am 26. September 1908, ein Bahnbetriebsunfall am Gleisdreieck für Entsetzen und Trauer. Der Triebwagenführer eines Zugs fuhr an einem Haltesignal vorbei und einem anderen in die Flanke, wobei ein Wagen auf den Hof einer Markt- und Kühlhallen-Gesellschaft in der Trebbiner Straße stürzte. Zu beklagen waren mindestens 18 Tote und mehr als 20 Schwerverletzte. Dieses Ereignis beschleunigte den bereits seit 1907 vorgesehenen Umbau des Gleisdreiecks in einen Kreuzungsbahnhof, der am 3. November 1912 in Betrieb ging. Er ermöglichte später den Bau einer weiteren Strecke zwischen der Innenstadt und den westlich gelegenen Stadtgebieten. Zudem führte der Unfall zu der Konsequenz, bei der Berliner U-Bahn die mechanische Fahrsperre einzuführen, die beim Überfahren eines „Halt" zeigenden Signals die Zwangsbremsung des betreffenden Zugs auslöst.

Am 1. Oktober 1908 – die Aufräumungsarbeiten am Gleisdreieck liefen an diesem Tag sicherlich noch auf Hochtouren – gab es wiederum Anlass zum Feiern: Die Hochbahngesellschaft eröffnete den Betrieb auf der kurz zuvor fertig gestellten U-Bahn-Strecke Leipziger Platz – Spittelmarkt.

Die erste städtische U-Bahn der Welt

Eine Besonderheit in den Annalen der Verkehrsgeschichte Berlins stellt die am 1. Dezember 1910 eröffnete Schöneberger U-Bahn als erste städtische U-Bahn der damals noch selbstständigen und rund 208.000 Einwohner zählenden Stadt Schöneberg dar. Immerhin leistete sich die Großstadt am Rande der Millionenstadt die fünfte U-Bahn Europas; sie führte vom Nollendorfplatz mit Umsteigemöglichkeit zum Netz der Hochbahngesellschaft bis zur Hauptstraße (später Innsbrucker Platz). Betrieben wurde die nur 2,87 Kilometer lange Strecke von der Hochbahngesellschaft. Die eigene Betriebswerkstatt befand sich in der Eisackstraße. Zum Einsatz gelangten zunächst nur Triebwagen, auf den Betrieb mit Beiwagen verzichtete man aus betrieblichen Gründen. Am 10. Juli 1926 gelangte die Schöneberger U-Bahn in den Besitz der Hochbahngesellschaft.

Indes nahm die Hochbahngesellschaft am 1. Juli 1913 die Strecke Spittelmarkt – Alexanderplatz in Betrieb. Zwischen den U-Bahnhöfen Märkisches Museum und Klosterstraße wurde mit dieser Verlängerung erstmals von der U-Bahn die Spree unterquert. Noch im selben Monat konnte der Betrieb bis zur Station Nordring (später Schönhauser Allee) ausgedehnt werden. Dieser Abschnitt war im Zuge der Schönhauser Allee wiederum als Hochbahn gebaut worden. Die bemerkenswerte architektonische Gestaltung der Viadukte brachte ihnen schon bald die Bezeichnung „Magistratsschirm" ein. Heute steht diese Anlage unter Denkmalschutz.

Im letzten Friedensjahr vor dem Ersten Weltkrieg, dem Jahr 1913, konnte das U-Bahn-Netz um weitere 16 Kilometer auf 35,7 Kilometer erweitert werden. Dazu zählten die Strecken Wittenbergplatz – Thielplatz und Wittenbergplatz – Uhlandstraße.

Zur Finanzierung der Streckenbauten in die Vororte gründeten sich auf Initiative der Stadt Wilmersdorf und der preußischen Domäne Dahlem am 12. Oktober 1913 die „Wilmersdorfer U-Bahn" und die „Dahlemer Untergrundbahn". Dabei handelte es sich allerdings „nur" um so genannte Holdinggesellschaften, deren Kapital am 1. April 1927 in die Gesellschaft für Hoch- und Untergrundbahnen überging.

Schon nach der Jahrhundertwende hatte die Stadt Berlin damit begonnen, sich mit eigenen Hoch- bzw. Untergrundbahn-Plänen zu beschäftigen. Zunächst kam eine Nord-Südbahn-Strecke von Gesundbrunnen nach Neukölln in Gestalt einer Schwebebahn ins Gespräch, ähnlich wie im heutigen Wuppertal. Sie gelangte aber wegen der Einsprüche finanzkräftiger Konkurrenten nicht zur Ausführung.

Zwei neu Begriffe: Kleinprofil und Großprofil

Noch vor dem Ersten Weltkrieg, am 2. Dezember 1912, begann unter städtischer Regie der Bau der ersten unterirdischen Großprofilstrecke. Das größer gewählte Lichtraumprofil ermöglichte den Einsatz 2,65 Meter breiter Wagen, die im Vergleich zu den Kleinprofilwagen mit einer Breite von 2,30 Metern eine höhere Beförderungskapazität boten.

Für den Außenstehenden ist die Großprofil-Schnellbahn in Berlin nicht nur durch breiteren und höheren Tunnelbauten zu erkennen, sondern auch durch die von unten bestrichene Stromschiene; bei Kleinprofil-Schnellbahn gleiten Stromabnehmer auf der oberen Fläche der Stromschiene.

Die nicht mit dem Kleinprofilnetz betrieblich zu vereinigende Großprofilbahn nahm man auch angesichts einer in späteren Jahren möglichen Vereinigung aller U- bzw. Hochbahnbetriebe Berlins in Kauf. Der der „AEG-Schnellbahn AG" übertragene Bahnbau musste aber bald nach Beginn des Ersten Weltkriegs für mehrere Jahre eingestellt werden.

Nachdem am 20. Mai 1922 der U-Bahnhof Neu-Westend und der Kleinprofil-Streckenabschnitt bis zum U-Bahnhof Stadion (heute Olympia Stadion [Ost]) für den regulären Verkehr in Betrieb genommen worden waren, rollte vom 30. Januar 1923 an auf dem inzwischen fertig gestellten Abschnitt der städtischen Nord-Süd-(U!)Bahn zwischen Stettiner Bahnhof und Halleschem Tor der planmäßige Betrieb. Es handelte sich um die erste Großprofil-U-Bahn-Strecke in Berlin, für deren Finanzierung die am 2. Mai 1922 gebildete städtische „Nordsüdbahn AG" zuständig war. Am 8. März 1923 wurde die Teilstrecke Stettiner Bahnhof – Seestraße eröffnet. Mit der Betriebsführung der Großprofillinien beauftragte der Magistrat von

Zwischen Gleisdreieck und Potsdamer Platz lagen Hochbahn und Eisenbahn auf einem kurzen Abschnitt neben einander. Rechts ein U-Bahn-Zug in Richtung Potsdamer Platz, ganz links ein Vorortzug, bespannt mit einer Lokomotive der Baureihe 745-13. Deutlich sind in der Mitte die beiden Gleise der S-Bahn in Richtung Potsdamer Ringbahnhof zu erkennen

Groß-Berlin – ebenfalls aus Kostengründen – die Hochbahngesellschaft.

Zugunsten des Großprofils

In den folgenden sechs Jahren besaß der Bau weiterer Großprofilstrecken Priorität. Nur in drei Fällen hatte die Hochbahngesellschaft bis 1930 ihr Kleinpprofil-Netz um Ergänzungsstrecken erweitert: 1926 kam die Verbindung Gleisdreieck – Wittenbergplatz über Kurfürstenstraße hinzu; 1929 wurden die Abschnitte Stadion – Ruhleben und Thielplatz – Krumme Lanke sowie 1930 von der Station Nordring nach Pankow (Vinetastraße) in Betrieb genommen. Dagegen sorgten beachtliche Leistungen beim Bau des Großprofilnetzes für Aufsehen. Noch 1924 wurden in zwei Etappen die Linien Hallesches Tor – Gneisenau-straße – Hasenheide in Betrieb genommen. 1926 folgten die Abschnitte Belle-Alliance-Straße (später Mehringdamm) – Kreuzberg, Hasenheide – Bergstraße (später Karl-Marx-Straße), 1927 die ursprünglich als AEG-Schnellbahn geplante Strecke Boddinstraße – Schönleinstraße (später Cottbusser Damm) und die Verbindung Kreuzberg – Flughafen (später Paradestraße). Im Jahre 1928 wurde das Netz um

Der Aufwand zum Umbau des Gleisdreiecks war beträchtlich. Der U-Bahn-Betrieb wurde während des Neubaus dieser Bahnanlage nicht unterbrochen. Die Bahnsteighalle für die Strecke von der Warschauer Brücke (links) in Richtung Nollendorfplatz (rechts) befindet sich gerade im Bau. Die Aufnahme entstand im Jahre 1911

die Abschnitte Schönleinstraße – Cottbusser Tor – hier kann seitdem zwischen Hoch- und Tunnelbahn umgestiegen werden –, Boddinstraße – Leinestraße und bis zur Neanderstraße (später Heinrich-Heine-Straße) erweitert.

Unter dem Dach der BVG

Mit dem 1. Januar 1929 nahm die Berliner Verkehrs-Gesellschaft (BVG) ihre Arbeit auf. Gleichzeitig wurde in das seinerzeit größte Nahverkehrsunternehmen der Welt unter anderem die Gesellschaft für Hoch- und Untergrundbahnen sowie die kommunale Nordsüdbahn Aktien-Gesellschaft integriert.

Das Jahr 1930 brachte nach Inbetriebnahme des Großprofil-Abschnitts Flughafen – Tempelhof noch einmal eine beträchtliche Netzerweiterung. Eröffnet wurden außerdem die Abschnitte Neanderstraße – Gesundbrunnen, Bergstraße – Grenzallee und Alexanderplatz – Friedrichsfelde. Zu diesem Zeitpunkt waren die Vorarbeiten für weitere Linien bereits abgeschlossen. Dazu zählten die Verbindungen Alexanderplatz – Gertraudenstraße – Potsdamer Platz – Steglitz in Verlängerung

U-Bahn-Bau in Berlin von 1902 bis 1930

Inbetriebnahme	Strecke	Profil
18.02.1902	Stralauer Tor – Potsdamer Platz	Kleinprofil
11.03.1902	Potsdamer Platz – Zoologischer Garten	Kleinprofil
25.03.1902	Bülowstraße – Möckernbrücke	Kleinprofil
14.12.1902	Zoologischer Garten – Knie	Kleinprofil
14.05.1906	Knie – Wilhelmplatz	Kleinprofil
29.03.1908	Bismarckstraße – Reichskanzlerplatz	Kleinprofil
01.10.1908	Leipziger (Potsdamer) Platz – Spittelmarkt	Kleinprofil
01.10.1910	Nollendorfplatz – Hauptstraße (Schöneberger U-Bahn)	Kleinprofil
03.11.1912	umgebauter Bahnhofsbereich Gleisdreieck	Kleinprofil
08.06.1913	Reichskanzlerplatz – Stadion	Kleinprofil
01.07.1913	Spittelmarkt – Alexanderplatz	Kleinprofil
27.07.1913	Alexanderplatz – Nordring (Schönhauser Allee)	Kleinprofil
12.10.1913	Wittenbergplatz – Uhlandstraße und Wittenbergplatz – Thielplatz	Kleinprofil
30.01.1923	Stettiner Bahnhof (Nordbahnhof) – Hallesches Tor	Großprofil
08.03.1923	Stettiner Bahnhof (Nordbahnhof) – Seestraße	Großprofil
19.04.1924	Hallesches Tor – Gneisenaustraße	Großprofil
14.12.1924	Gneisenaustraße – Hasenheide	Großprofil
14.02.1926	Belle-Alliance-Straße – Kreuzberg	Großprofil
11.04.1926	Hasenheide – Bergstraße	Großprofil
24.10.1926	Gleisdreieck – Wittenbergplatz über Kurfürstenstraße	Kleinprofil
17.07.1927	Boddinstraße – Schönleinstraße	Großprofil
10.09.1927	Kreuzberg – Flughafen	Großprofil
12.02.1928	Schönleinstraße – Kottbusser Tor	Großprofil
06.04.1928	Kottbusser Tor – Neanderstraße	Großprofil
04.08.1929	Boddinstraße – Leinestraße	Großprofil
22.12.1929	Flughafen – Tempelhof (Südring)	Großprofil
22.12.1929	Stadion – Ruhleben	Kleinprofil
22.12.1929	Thielplatz – Krumme Lanke	Kleinprofil
18.04.1930	Neanderstraße – Gesundbrunnen	Großprofil
29.06.1930	Nordring – Pankow (Vinetastraße)	Kleinprofil
21.12.1930	Friedrichsfelde – Alexanderplatz	Großprofil
21.12.1930	Bergstraße – Grenzallee	Großprofil

der Friedrichsfelder Linie und Weißensee – Alexanderplatz – Brandenburger Tor – Knie – Pichelsdorf. Mit dem Beginn der Weltwirtschaftskrise kam der U-Bahn-Bau wegen des fehlenden Geldes jedoch völlig zum Erliegen und sollte erst nach dem Zweiten Weltkrieg vor allem im Westen der dann geteilten Stadt vorangetrieben werden.

Dennoch wurden in Berlin in rund drei Jahrzehnten zwei beachtliche U-Bahn-Systeme geschaffen. Die BVG betrieb ein 43,369 Kilometer langes Kleinprofil-Netz und das in nur sieben Jahren entstandene Großprofil-Netz mit einer Betriebslänge von 32,532 Kilometern. Mithin standen 75,901 Kilometer Strecke für den öffentlichen Verkehr zur Verfügung, von denen rund 57 Kilometer unterirdisch und etwa 19 Kilometer über bzw. auf der Erdoberfläche angelegt waren. Es existierten zudem 94 Stationen. Ebenso spricht die Verkehrsentwicklung für sich:

Beförderte die Hochbahngesellschaft 1903 insgesamt 29,6 Mio. Fahrgäste, waren es 1913 bereits 73,1 Mio., um schließlich 1929 bei der BVG 213,4 Mio. zu erreichen. Beschafft wurden seit 1902 für die Kleinprofil-Linien 478 Trieb- und 350 Beiwagen der Typen A1 und A2. Für den Großprofil-Betrieb standen 1930 immerhin 252 Trieb- und 154 Beiwagen der Typen B1, B2 und C1 bis C4 zur Verfügung.

Zwar beschleunigte das Hochbahnunglück vom 26. September 1908 den Umbau des Gleisdreiecks, doch wäre er auch ohne den beklagenswerten Zusammenstoß in Angriff genommen worden. Die Einführung zusätzlicher Strecken am Nollendorfplatz, am Wittenbergplatz und am Knie führte zu einer enormen Verdichtung der Zugverkehrs. Obwohl die alte Anlage ohne jede Schienenkreuzung einen durchgehenden Zugverkehr in alle Richtungen ermöglichte (siehe Skizze Seite 35 oben), beeinträchtigten besonders Unregelmäßigkeiten die Zugfolge mitunter empfindlich. An Stelle des Gleisdreiecks entstand bis 1912 ein großzügig gestalteter, zweigeschossiger Hochbahnhof, für den die alten Bezeichnung Gleisdreieck erhalten blieb. Die neue Anlage (siehe Skizze Seite 35 unten) ermöglichte im Obergeschoss ein direkten Durchgangsverkehr zwischen dem Osten und Westen Berlins und im Untergeschoss einen reibungslosen Betrieb zwischen dem Westen der Stadt und ihrem Zentrum. Durch die Unterbrechung der Strecke aus Richtung Pankow nach Ruhleben bzw. Krumme Lanke am 13. August 1961 wurde der Hochbahnbetrieb auf dem Abschnitt Gleisdreieck – Bülowstraße – Nollendorfplatz 1972 eingestellt, jedoch nach Herstellung der alten Verbindung im Jahre 1993 wieder in Betrieb genommen

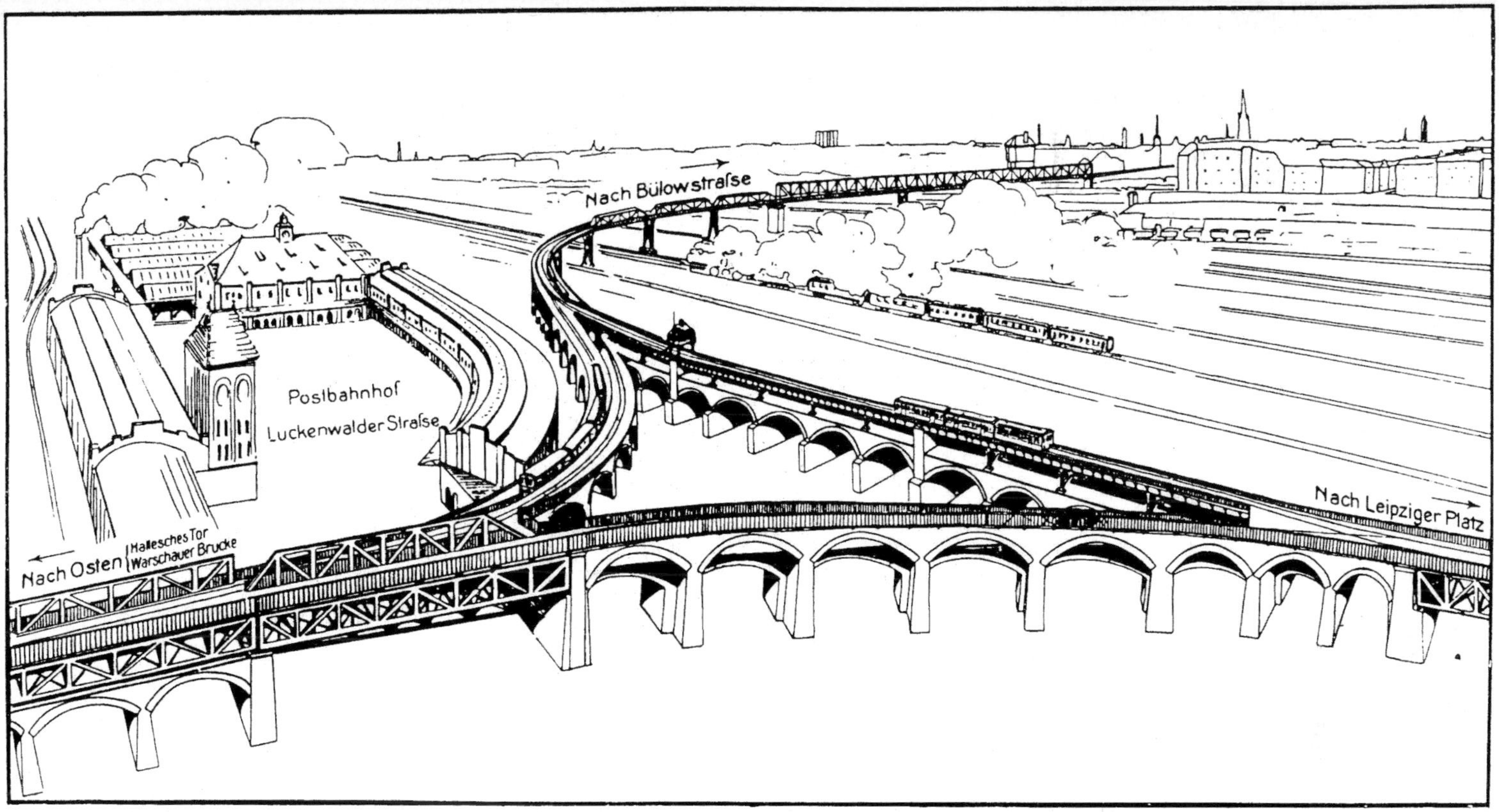
Nach Bülowstraſse
Postbahnhof
Luckenwalder Straſse
Nach Osten
Hallesches Tor
Warschauer Brücke
Nach Leipziger Platz

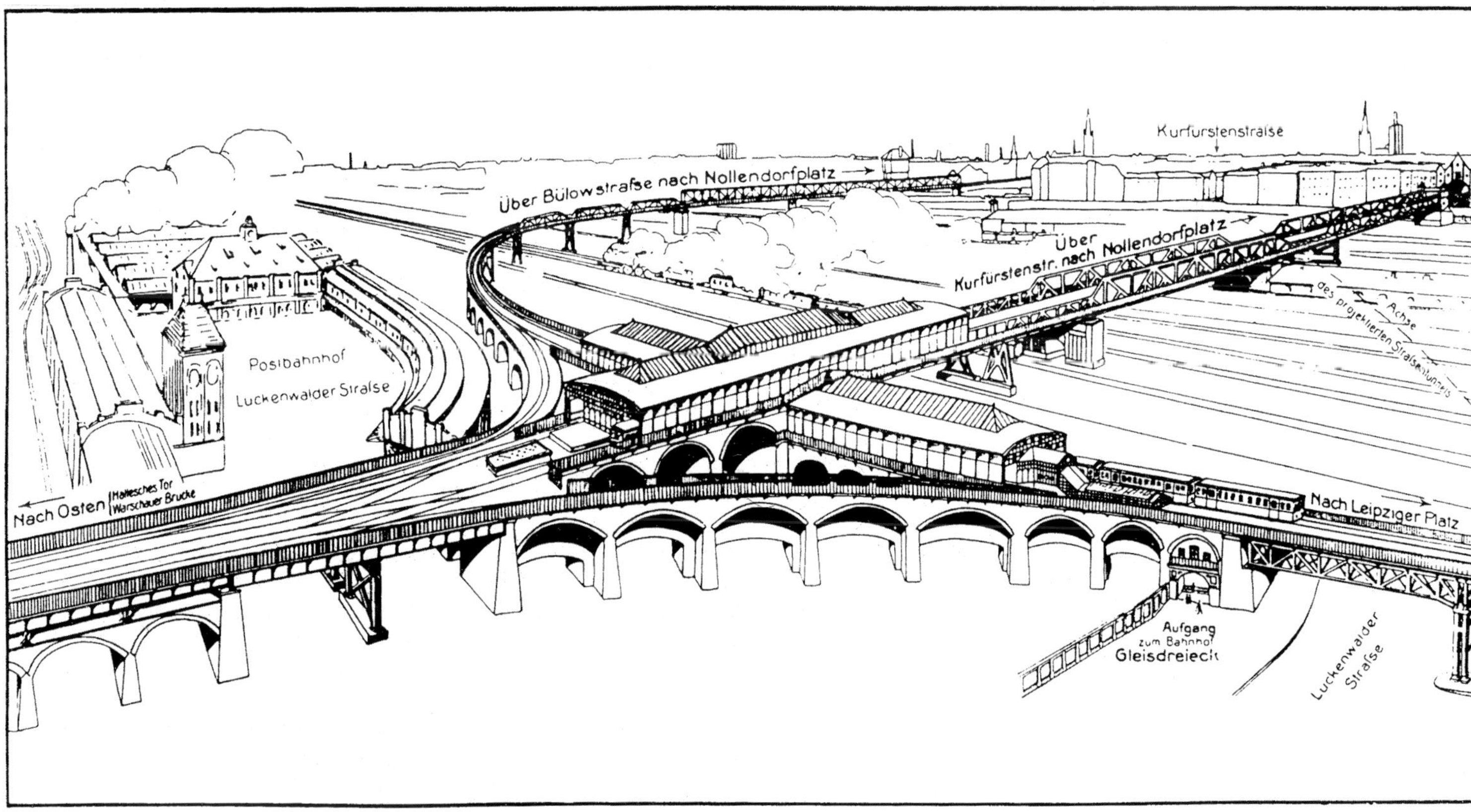
Kurfürstenstraſse
Über Bülowstraſse nach Nollendorfplatz
Über
Kurfürstenstr. nach Nollendorfplatz
Achse des projektierten Straſsentunnels
Postbahnhof
Luckenwalder Straſse
Nach Osten
Hallesches Tor
Warschauer Brücke
Nach Leipziger Platz
Aufgang
zum Bahnhof
Gleisdreieck
Luckenwalder
Straſse

Vollring
nach Potsdamer Bf.

Elektrisch in die Vororte und durch die Mitte – die S-Bahn

Bereits am Ende des 19. Jahrhunderts hatte der relativ aufwändige Dampfzugverkehr auf der Stadt- und Ringbahn und den Vorortstrecken ein gewaltiges Ausmaß erreicht. Während 1896 allein die Stadt- und Ringbahn insgesamt 103 Mio. Fahrgäste nutzten, wurden in diesen Bereichen 1906 schon 165 Mio. Reisende gezählt. Da nimmt es nicht Wunder, dass die Königlich Preußische Eisenbahn-Verwaltung (KPEV) und das zuständige Ministerium der öffentlichen Arbeiten zunehmend über eine rationellere Traktionsart zu diskutieren begannen. Wenn überhaupt, ließen sich nur durch einen elektrischen Betrieb durchschlagende Kosteneinsparungen erreichen.

Derartige Überlegungen blieben der Elektroindustrie nicht verborgen. Aus dem Jahr 1899 datiert ein Vorschlag der Union-Elektrizitäts-Gesellschaft (UEG, später Teil der AEG) zur Elektrifizierung der Berliner Stadt- und Ringbahn einschließlich verschiedener Anschlussstrecken mit einer Länge von insgesamt 71 Kilometern. Vorgesehen waren 600 V Gleichspannung und die Stromzuführung über eine dritte Schiene. Ein Kostenanschlag der UEG ergab für das Gesamtprojekt Investitionen in Höhe von 43 Mio. Mark. Da den Verantwortlichen der Eisenbahnverwaltung diese Summe zu hoch erschien, wurde das Angebot nicht weiter verfolgt.

Nach dem Ende des Ersten Weltkriegs führten mehrere Eisenbahnerstreiks zu empfindlichen Einschränkungen des Betriebs auf der Stadt- und Ringbahn. An den wenigen Zügen, die verkehrten, hingen die Fahrgäste wie Trauben

Versuche auf der Wannseebahn

Unabhängig von diesem Vorschlag hatten sich bereits 1898 die KPEV und die Firma Siemens & Halske über einen elektrischen Versuchsbetrieb mit 750 V Gleichspannung, abgenommen über eine seitlich verlegte und von oben bestrichene Stromschiene, auf der Wannseebahn vom Wannseebahnhof in Berlin bis nach Zehlendorf geeinigt. Vom 13. Juli 1900 an wurden in den Fahrplänen der Dampfzüge einige Fahrten durch den eigens dafür hergerichteten elektrischen Versuchszug übernommen. Er bestand aus zehn Abteilwagen, von denen die Endwagen jeweils mit Führerständen und elektrischer Ausrüstung, einschließlich Fahrmotore, ausgerüstet waren. Am 1. Juli 1902 endete der elektrische Betrieb. In einem Abschlussbericht über die Erkenntnisse dieser Versuche stellte ein Ingenieur der Firma Siemens & Halske fest, dass zwar noch einige technische Unzulänglichkeiten bestünden, die es zu beseitigen gelte, die Vorzüge des elektrischen Betriebs ansonsten unübersehbar seien, aber erst bei einer Umstellung des gesamten Zugverkehrs auf elektrischen Betrieb wirksam würden.

Elektrisch nach Groß-Lichterfelde

Der preußischen Eisenbahnverwaltung erschien diese Argumentation plausibel, sodass der von der UEG angeregte Versuchsberieb zwischen dem Potsdamer Ringbahnhof – Teil des Potsdamer Bahnhofs in Berlin – und Groß-Lichterfelde Ost gefördert wurde. Am 4. Juni 1903 begann der Mischbetrieb mit Dampf- und Triebwagenzügen und vom 15. Juli 1903 an der vollelektrische Betrieb. Zur Anwendung gelangte 550 V Gleichspannung. Der Strom wurde – wie bei den Versuchen auf der Wannsseebahn – oberhalb der seitlich von den Gleisen angeordneten Stromschienen abgenommen. Die Anlage bewährte sich ausgezeichnet. Die Versuchsanlagen blieben eine Dauereinrichtung, die bis zum 2. Juli 1929 fast ununterbrochen in Betrieb war.

Weltpremiere auf einer Stichbahn

Zwischen 1903 und 1906 erprobte die UEG im Einvernehmen mit der KPEV auf der nur 4,05 Kilometer langen Strecke Niederschöneweide – Spindlersfeld erstmals auf der Welt Einphasen-Wechselstrom (6 kV/25 Hz Spannung) für die Traktion bei der Eisenbahn. Die Versuche sind jedoch kaum in Vorbereitung der Elektrifizierung der Berli-

Auf dem südlichen Teil der Berliner Ringbahn entstand dieses Foto vom Bahnhof Rixdorf (heute Berlin-Neukölln) am 3. Juni 1901 mit einem Ringbahnzug, voran eine Lok des Typs Moabit, 1882 gebaut von Borsig. Im Vordergrund die Triebwagen 18 und 26 des Typs Berolina aus dem Jahre 1899 der Südlichen Berliner Vorortbahn

ner Eisenbahnstrecken für den Nahverkehr zu sehen. Vielmehr ging es in erster Linie darum, Erfahrungen in Vorbereitung der Fernbahnelektrifizierung zu sammeln, für die sich die zwar einfacher zu handhabende, aber nicht transformierbare Gleichspannung wegen der dann notwendigen zahlreichen Einspeisungsstationen im kurzen Abstand aus Kostengründen kaum eignet.

Am 14. August 1903 begann der Versuchsbetrieb auf der Spindlersfelder Stichbahn mit eigens dafür hergerichteten Fahrzeugen und er konnte vom 4. Juli 1904 an sogar im Fahrgastverkehr erprobt werden. Am 1. März 1906 wurde der elektrische Betrieb am Rande Berlins zugunsten des Hamburger Stadt- und Vorortbetriebs aufgegeben.

Trotzdem hatte man zwischen Niederschöneweide und Spindlersfeld wichtige Erfahrungen gesammelt, ja sogar technische Pionierleistungen besonders im Zuge künftiger Fernbahnelektrifizierungen vollbracht.

Der Minister drängt auf Elektrifizierung

Aufgrund der Versuchsergebnisse dürfte es nicht überraschen, dass der Minister der öffentlichen Arbeiten, Exellenz von Breitenbach, Ende Juni 1907 von der Königlichen Eisenbahn-Direktion (KED) Berlin zum 1. Juni 1908 eine Denkschrift zur „Einrichtung elektrischer Zugförderung der Berliner Stadt-, Ring- und Vorortbahnen" abforderte. Nach mehreren Zwischenberichten übergaben die Techniker der KED Berlin dem Minister im Jahr 1909 – und damit verspätet – ihre komplette Denkschrift unter Berücksichtigung zahlreicher Vorschläge der Firma Siemens & Halske. Empfohlen wurde die Elektrifizierung der Stadt- und Ringbahn, aber auch sämtlicher Vorortstrecken mit Einphasenwechselstrom und 10 kV/50 Hz Spannung sowie die Stromzuführung über Fahrleitungen.

Das Ministerium der öffentlichten Arbeiten präzisierte die Vorlage unter maßgeblicher Mitwirkung des Wirklichen Geheimen Oberbaurats Dr. e.h. Wittfeld weiter. Im Frühjahr 1911 wurde die Vorlage dem preußischen Landtag zur Bestätigung übergeben. Nunmehr sollten die Stadt- und Ringbahn komplett und die Vorortstrecken zum Teil elektrifiziert werden. Zur Umstellung elektrischen Betrieb waren 427,3 Kilometer Strecke vorgesehen.

Zwischenspiel: der Kampf um den Dampf

Mit Argusaugen verfolgte die Lokomotivindustrie diese Entwicklung. Der „Verband norddeutscher Lokomotivfabriken" überreichte dem Minister der öffentlichen Arbeiten am 12. März 1912 eine Eingabe, in der man zu beweisen versuchte, eine zeitgemäß konstruierte Dampflokomotive sei der elektrischen Traktion überlegen. Tatsächlich gelang es, eine 1'D1'h3t-Lokomotive zu entwicklen, die Henschel 1913 mit der Fabriknummer 11692 auslieferte. Im Februar 1913 wurde die Maschine während der nächtlichen Betriebspausen auf einigen Strecken erprobt. Das Forderungsprogramm der Eisenbahn wurde erreicht; es entsprach auch dem abgesteckten Ziel für den elektrischen Betrieb, die Durchlassfähigkeit insbesondere der Stadt- und Ringbahngleise zu erhöhen. Daraufhin kam im preußischen Abgeordnetenhaus erneut eine leidenschaftliche Diskussion über die Vor- und Nachteile der Elektrifizierung auf. Doch vermochten sich letztendlich die Befürworter der elektrischen Traktion durchzusetzen. Der Wirkungsgrad des Elektomotors war (und ist) eben dem der Dampfkraft um ein Vielfaches überlegen.

Durch den Ersten Weltkrieg verzögert

Für das Elektrifizierungsvorhaben wurden als Erstes am 22. März 1912 bei der preußischen Regierung 50 Millionen Mark beantragt. Am 21. April 1913 verabschiedete der preußische Landtag das „Gesetz über die Umstellung der Stadt-, Ring- und Vorortbahnen auf elektrischen Betrieb". Bewilligt wurden allerdings zunächst nur 25 Mio. Mark und zwar für die Elektrifizierung der Stadt- und Ringbahn.

Die Versuchsfahrten begannen 1914 schließlich mit 15 kV, 16,7 Hz Einphasenwechselspannung auf der unter anderem für diese Zwecke hergerichteten Strecke Dessau – Bitterfeld. Um zusätzliche Erfahrungen zu sammeln, sollte außerdem die 1913 eröffnete Stichbahn Wannsee – Stahnsdorf für einen elektrischen Probebetrieb mit 1.600 V Gleichspannung und seitlicher Stromschiene hergerichtet werden.

Durch den Beginn des Ersten Weltkriegs mussten die Versuche in Mitteldeutschland aufgegeben, das Stahnsdorfer Vorhaben zu den Akten gelegt und damit das Elektrifizierungsprogramm insgesamt zurückgestellt werden.

Im Dezember 1918, kurz nach Kriegsende, ordnete der Minister der öffentlichen Arbeiten an, die Planung zur Elektrifizierung unverzüglich wieder aufzunehmen und dafür die vom Stettiner Vorortbahnhof ausgehende Nordstrecke vorzubereiten. Da auf diesen Gleisen ein geringeres Verkehrsaufkommen und damit größere Zugfolgabstände als etwa auf der überlasteten Stadt- und Ringbahn vorhanden waren, konnten hier auftretende Kinderkrankheiten besser analysiert und Möglichkeiten zu deren Beseitigung getestet werden.

Wechsel- oder Gleichspannung?

Im Jahre 1920 stellte die preußische Regierung elf Millionen Mark für die Einführung des elektrischen Betriebs auf den Nordstrecken Richtung Bernau, Oranienburg und Velten zur Verfügung. Zu diesem Zeitpunkt bestand immer noch keine Klarheit über das anzuwendende Stromsystem. Unterschiedliche Aufassungen der Ingenieure und Techniker prallten aufeinander, wobei die Wirtschaftlichkeitsberechnungen in diesen Fällen längst zugunsten des Gleichstroms gefallen waren. Ein großer Verfechter der Wechselstromvariante war der Wirkliche Geheime Oberbaurat Dr. e.h. Wittfeld, der im Ministerium der öffentlichen Arbeiten zu den angesehensten Fachleuten zählte und seinerzeit auch den eigentlich für die Fernbahnelektrifizierung eingerichteten Spindlersfelder Versuchsbetrieb begleitet hatte. Es schien so, als würde sich Wittfeld mit seiner Überzeugung durchsetzen. Beispielsweise stellte man bei Pankow bereits Fahrleitungsmasten für einen elektrischen Betrieb mit 15 kV 16,7 Hz Wechselspannung auf. Hinter den Kulissen tobte also ein Kampf zwischen Befürwortern beider Stromsysteme.

Der Durchbruch gelingt

Die zugunsten des Gleichstroms agierenden Vertreter nutzten im Jahre 1921 eine letzte Chance, ihr Ziel durchzusetzen. Nach 42-jähriger Dienstzeit ging Wittfeld in den wohlverdienten Ruhestand. Sein Nachfolger Prof. Wilhelm Wechmann stand dem Gleichstromsbetrieb sehr wohlwollend gegenüber, zumal inzwischen noch leistungsfähigere Gleichrichter zur Verfügung standen. Schließlich entschied das Eisenbahn-Zentralamt, die Nordstrecken und später die Stadt- und Ring- und weitere Vorortlinien mit 800 V Gleichspannung und einer seitlich von unten bestrichenen Stromschine zu elektrifizieren. Die auf vergleichweise kurzen Streckenabschnitten erforderlichen Einspeisestellen galten immer noch als wirtschaftlicher, als die für einen Wechselstrombetrieb erforderlichen Fahrleitungen, für die außerdem kostenintensive Änderungen am Lichtraumprofil, zum Beispiel unter Brücken, angefallen wären. Zudem hatte sich das System auf der Lichterfelder Vorortbahn seit 1903 ebenso bewährt wie auf dem Schnellbahnnetz der Berliner Hochbahngesellschaft.

Die durch die Inflation ständig zunehmende Geldentwertung verzögerte die Einführung des elektrischen Betriebs noch einmal für längere Zeit. Erst zu Beginn des Jahres 1924 war es möglich, mit den Arbeiten zu beginnen. Um Probefahrten ausführen zu können, wurden bald danach sechs Gleichstrom-Fahrzeug-Prototypen in unterschiedlicher Bauweise und Gestaltung sowie sechs Halbzüge der später als „Bauart Bernau" bezeichneten Züge mit je zwei vierachsigen Trieb- und drei zweiachsigen Beiwagen geliefert. Letztere waren bis 1962 als Baureihe ET 169 in Betrieb.

Endlich elektrisch nach Bernau

Am 8. August 1924 wurde die elektrifizierte Strecke Stettiner Vorortbahnhof – Bernau mit 800 V Gleichspannung in Betrieb genommen. Gelegentlich wird in der Literatur behauptet, dies sei die erste elektrifizierte S-Bahnstrecke im Raum Berlin gewesen. Eindeutig handelte es sich aber um die Groß-Lichterfelder Strecke, auf der zu diesem Zeitpunkt der seit 1903 bestehende elektrische Betrieb nach wie vor planmäßig stattfand. Es scheint nicht ausgeschlossen zu sein, dass man nach dem Zweiten Weltkrieg in Ostberlin und der DDR bei der Darstellung der S-Bahn-Geschichte die Bernauer Strecke besonders in den Vordergrund stellte, um bei anstehenden Jubiläumsfeiern ein mögliches „West-Berlin-Problem" zu umgehen. Wie dem auch sei: Zumindest ist die Formulierung „Geburtsstunde in der noch heute bestehenden Form" für die Inbetriebnahme der Bernauer Strecke wohl am Zutreffendsten.

Noch im selben Jahr begann die nun für die Stadt- und Ringbahn sowie für die Vorortbahnen zuständige Reichsbahn die Bahnsteige an den für die Elektrifizierung vorgesehenen Strecken von 76 auf 96 cm über Schienenoberkante zu erhöhen. Damit wurde ein stufenloses Ein- und Aussteigen zwischen den Triebwagenzügen und Bahnsteigen ermöglicht. Bis 1929 richtete die Staatsbahn 93 Bahnsteige entsprechend her.

Im Verlauf des Jahres 1925 stellte die Deutsche Reichsbahn-Gesellschaft (DRG) 50 Viertelzüge für den elektrischen Schnellbahnbetrieb in Dienst. Mit dieser Neuentwicklung, später als ET 168 bezeichnet, führte man den bis heute bewährten Viertelzug ein. Er besteht aus je einem Trieb- und Steuer- bzw. Beiwagen, die kurzgekuppelt sind. Die letzten dieser gelegentlich auch als „Bauart Oranienburg" bezeichneten Fahrzeuge waren bis 1962 im Einsatz und wurden dann zum Aufbau von U-Bahn-Wagen für die Ostberliner Linie E, Alexanderplatz – Friedrichsfelde, verwendet.

Am 4. Oktober 1925 nahm die Deutsche Reichsbahn-Gesellschaft den elektrischen Betrieb zwischen Gesundbrunnen und Oranienburg auf.

Die „Große Elektrisierung"

Auf einer Sitzung des Verwaltungsrats der DRG wurde 1926 beschlossen, die Stadt- und Ringbahn sowie zahlreiche Vorortstrecken zu elektrifizieren. Für das als „Große Elektrisierung" bezeichnete Programm gewährte die Reichsregierung der DRG einen Kredit über 100 Mio. RM. Die DRG selbst investierte aus eigenen Mitteln 50 Millionen Reichsmark.

Ein Ringbahnzug, bestehend aus Fahrzeugen der Bauart Stadtbahn, um 1929 auf dem Bahnhof Halensee. Selbst die größten Optimisten werden damals nicht erahnt haben, dass diese Züge 70 Jahre das Berliner Stadtbild prägen würden

Otto Webers
Trauer-Magazin

Blick auf den Stadtbahn am Savignyplatz in Charlottenburg mit einem Zug aus der Lokomotive der preußischen Gattung T 12 und den typischen „Pärchen-Abteilwagen" fährt um 1906 in Richtung Schlesischer Bahnhof. Im Hintergrund die damalige Kaiser-Friedrich-Schule, die heute Schlüterschule heißt

Die DRG war regelrecht gezwungen, den Eisenbahnnahverkehr in Berlin schnellstens zu modernisieren, denn die Fahrgastzahlen auf der Stadt- und Ringbahn waren in den letzten Dampfzugjahren zugunsten von Hoch- und Untergrundbahn, Straßenbahn und Bus rückläufig. Mehr und mehr wichen die Kunden wo es ging der veralteten Dampbahn aus. Allein im Vergleich von 1924 zu 1925/26 sank das Aufkommen um zwölf Prozent. Der Zuschuss durch die DRG betrug jährlich 40 Mio. RM, Tendenz steigend.

Größte Triebwagenserie der Welt

Die guten Erfahrungen mit den ab dem Jahr 1925 in Dienst gestellten Elekto-Triebwagenzügen der späteren Baureihe ET 168 veranlasste die DRG, 1927 eine weiterentwickelte Serie bei insgesamt sechs Waggonfabriken in Auftrag zu geben. Bis zum Jahr 1932 sollten insgesamt 638 Viertelzüge (je ein kurzgekuppelter Trieb- und Steuerwagen) geliefert werden – es war die bisher größte hintereinander gefertigte Triebwagenserie der Welt.

Im nicht umgebauten Zustand gehörten die letzten dieser Fahrzeuge mit ihren unverwechselbaren Fahrmotorgeräuschen, anfänglich als „Bauart Stadtbahn" und zuletzt schlicht als „Stadtbahner" bezeichnet, noch bis ins Jahr 1997 zum täglichen Verkehrsgeschehen in Berlin.

Fototechnisch ein schlechtes Bild – aber ein wichtiges Dokument: Ein Gleichstrom-Zug verlässt den Bahnhof Südende in Richtung Groß-Lichterfelde Ost. Man beachte das vereinfachte Zugschlusssignal. Diesen zunächst versuchsweise zwischen dem Potsdamer Ringbahnhof und Groß-Lichterfelde Ost eingerichteten Betrieb gab es von 1903 bis 1929

Ein Zug der späteren Baureihe ET 169, die auch als Bauart Bernau bekannt wurde. Das hier abgebildete Fahrzeug trug zunächst die Betriebsnummer 3 039 und ab 1942 die Bezeichnung ET 169 009a

Am 16. März 1927 begann der elektrische Betrieb auf der Strecke Schönholz – Velten (Mark). Die elektrifizierten Nordstrecken waren nunmehr 70,5 Kilometer lang.

Im Ergebnis der „Großen Elektrisierung" rollten vom 11. Juni 1928 an zwischen Erkner und Potsdam Gleichstromzüge.

Im „Berliner Lokal-Anzeiger" berichtete ein Reporter über die zwei Tage zuvor stattgefundene Pressefahrt: „Heute morgen um 10 Uhr stand man auf dem farbenschmucken Bahnhof Erkner. Beamte der Bahn führten in den neuen Schuppen, in dem bunt und glänzend die ersten elektrischen Wagen zur baldigen Fahrt bereitstanden. Hier versammelten sich die Vertreter sich der Behörden ... und der Presse. Die Fachdezernenten der Reichsbahn ... gaben an Hand von Skizzen und Plänen aufschlussreiche und interessante Schilderungen von der Stromversorgung und Stromverteilung auf der neuen Strecke, von der Bauart der elektrischen Wagen, von den Sicherungsanlagen und dem neuen Signalsystem der Stadtbahn.

Dann bestieg man einen der Züge, und zum ersten Male fuhr ein elektrischer Stadtbahnzug mit Vertretern der Öffentlichkeit den Schienenweg entlang, von Erkner bis zum Bahnhof Friedrichstraße. Die Wagen gingen – vorläufig noch im Tempo der Dampfzüge – in ruhig gleitendem Lauf. Auf den einzelnen Stationen standen die Menschen und bewunderten das gegensätzliche Bild: Hier kam eine freundliche, fixe, saubere Wagenreihe. Hält in sanftem Ruck. Bequem passen zwei Menschen nebeneinander durch die breiten Türen. Mühelos, denn der Wagenfußboden liegt ziemlich in Bahnsteighöhe. All das beschleunigt die Zugabfertigung und – schon geht es mit raschem Antrieb weiter.

Dagegen auf der anderen Bahnsteigseite faucht der Dampfzug. Schmutzig, berußt, Schwärze verbreitend. Es wird einem in diesem Augenblick klar, wie völlig die Reichsbahnelektrifizierung den Bahnhofseindruck, an man seit Jahrzehnten gewöhnt ist, umgestalten wird. Aeußerlich und innerlich."

Aufnahme des elektischen Zugbetriebs auf der Stadt- und Ringbahn sowie einiger Vorortbahnen von 1903 bis 1930

Datum	Streckenabschnitt	Länge (km)	davon Mischbetrieb mit Dampfzügen (km)
15.06.1903	Potsdamer Ringbahnhof – Groß Lichterfelde Ost	9,32	–
08.08.1924	Stettiner Vorortbahnhof – Bernau	22,73	–
05.06.1925	Gesundbrunnen – Birkenwerder	18,04	–
04.10.1925	Birkenwerder – Oranienburg	8,01	4,51
16.03.1927	Schönholz-Reinickendorf – Velten	21,16	19,99
11.06.1928	Erkner – Stadtbahn – Potsdam	57,15	–
10.07.1928	Wannsee – Stahnsdorf	4,24	4,24
23.08.1928	Ausstellung – Spandau West	9,50	1,27
06.11.1928	Charlottenburg – Halensee – Neukölln	13,66	–
06.11.1928	Neukölln – Köllnische Heide – Grünau	11,84	–
06.11.1928	Neukölln – Treptow – Abzw Vsr (Richtung Stadtbahn)	5,21	–
06.11.1928	Schlesischer Bahnhof – Stralau-Rummelsburg – Kaulsdorf	11,07	4,97
01.02.1929	Niederschöneweide – Spindlersfeld	4,05	4,05
01.02.1929	Charlottenburg – Nordring – Baumschulenweg	25,77	–
01.02.1929	Verbindungskurve Stralau-Rummelsburg vom Nordring zur Stadtbahn	0,64	–
18.04.1929	Potsdamer Ringbahnhof – Abzw Vdp (Richtung Papestraße)	3,39	–
18.04.1929	Potsdamer Ringbahnhof – Abzw Vp (Richtung Schöneberg)	0,79	–
18.04.1929	Halensee – Westend	2,72	–
18.12.1929	Jungfernheide – Gartenfeld	4,46	–
15.12.1930	Kaulsdorf – Mahlsdorf	1,59	–

Hinweis:
Bahnhofsbezeichnungen und Streckenlängen entsprechen jeweils dem Stand bei Aufnahme des elektrischen Betriebs

Zunächst verkehrten zwischen den Dampfzügen fünf elektrische Vollzüge, bestehend aus jeweils vier Viertelzügen. In den folgenden Wochen wurde der Dampfzugbetrieb zugunsten der Triebwagengarnituren ganz aufgegeben. Am 10. Juli 1928 folgte die Einführung des elektrischen Zugbetriebs auf der so genannten Friedhofsbahn Wannsee – Stahnsdorf Reichsbahn, am 23. August 1928 zwischen Westkreuz und Spandau West. Noch im selben Jahr kamen die Abschnitte Charlottenburg – Südring – Ostkreuz, Neukölln – Grünau und Schlesischer Bahnhof – Kaulsdorf hinzu.

Schon im Februar 1929 brachte die konsequente Fortsetzung der „Großen Elektrisierung" den elektrischen Betrieb auf die Strecken Charlottenburg – Nordring – Ostkreuz, Ostkreuz – Treptower Park – Baumschulenweg und Schöneweide – Spindlersfeld. Ab März 1929 stand die Verbindungskurve Nordring – Stadtbahn am Ostkreuz unter Strom und ab April 1929 rollten die Gleichstromzüge auf den Abschnitten Halensee – Westend (Ringschließung), Potsdamer Ringbahnhof – Papestraße und der Verbindungskurve Kolonnenstraße – Schöneberg.

Pünktlich und attraktiv

Damit schloss die DRG innerhalb von nicht einmal zwei Jahren die „Große Elektrisierung" ab. Einschließlich der „Nordstreecken" und der Vorortbahn nach Groß-Lichterfelde wurden nun rund 230 Kilometer Strecke mit Gleichstrom betrieben. Die beträchtliche Investition in Höhe von 159,8 Millionen Reichsmark begann sich schnell durch einen geringeren Betriebsaufwand, eine höhere Durchlassfähigkeit der Strecken, kürzere Fahrzeiten und nun wieder steigende Fahrgastzahlen auszuzahlen.

Bereits im November 1929 vermeldete die Reichsbahndirektion (RBD) Berlin im Vergleich zum Monat November 1928 eine Zunahme des Fahrgastaufkommens allein auf der Stadt- und Ringbahn um 21,1 Prozent!

Nicht zu unterschätzen sind die Auswirkungen der „Großen Elektrisierung“ auf mehrere hundert Lokomotivpersonale, die zum Teil jahrzehntelang mit ihrer Dampflok verbunden waren – und für die sich nun vieles änderte. Dennoch erkannten nicht wenige dieser Eisenbahner die Vorzüge der neuen Traktion. Kurt Pierson, ein bekannter Eisenbahningenieur und Verfasser zahlreicher Veröffentlichungen, hielt in diesem Zusammenhang in seinem 1982 herausgebenenen Buch „Dampfzüge auf Berlins Stadt- und Ringbahn“ folgenden selbst erlebten Dialog über die bevorstehenden Auswirkungen elektrischen Schnellbahnbetriebs fest. „... ‚Und was wird aus Euch?‘ ... ‚Ick jehe bei die Knoppdrücker‘ (Damit war der als Totmannknopf ausgebildete Fahrschalter der Schnellbahntriebwagen gemeint), lachte der junger Heizer. ‚Ist doch ville leichter und keen Dreckigmachen‘. “

Wie bereits angedeutet, wurde auch die seit 1903 elektrisch betriebene Strecke nach Groß-Lichterfelde-Ost auf 800 V Gleichspannung umgestellt. Die neuen elektrischen Züge fuhren auf dieser im Potsdamer Ringbahnhof beginnenden Strecke vom 2. Juli 1929 an. Kurz vor Weihnachten des Jahres 1929, am 18. Dezember, konnte die maßgeblich von der Firma Siemens finanzierte und deshalb auch „Siemensbahn“ genannte, neu erbaute und fast fünf Kilometer lange, von Anfang an elektrifizierte Stichbahn Jungfernheide – Gartenfeld eröffnet werden.

Weißes S auf grünem Grund

In kürzester Zeit hatte sich der Schnellbahnbetrieb in der Reichshauptstadt zu einem unentbehrlichen Verkehrsmittel gemausert. Selbst auf internationalen Verkehrskonferenzen erntete das System höchstes Lob, besonders aber die vollbrachten, heute nahezu unvorstellbaren logistischen und baulichen Leistungen bei laufendem Betrieb und innerhalb kürzester Zeit.

Einen maßgeblichen Anteil an der Entwicklung neuer Hochbauten für den elektrischen Betrieb hatte der in der RBD Berlin tätig gewesenen Architekt Richard Brademann (1884 – 1965). Er entwarf nicht nur Hochbauten für Bahnhöfe, Stellwerke, Triebwagenhallen und Unterwerke der Berliner Schnellbahn, sondern auch das legendäre „S“ auf grünem Grund, als Kürzel für die Bezeichnung S-Bahn. Dieses Symbol wurde am 1. Dezember 1930 offiziell eingeführt und hat bis heute nichts an seinem Bekanntheitsgrad eingebüßt.

Am 15. Dezember 1930 wurde das S-Bahn-Netz abermals erweitert, wenn auch um den nur 1,59 Kilometer langen Abschnitt Kaulsdorf – Mahlsdorf.

Geplant, modernisiert und zerstört – Berliner Schienenverkehr bis 1945

Mit der Bildung von Groß-Berlin im Jahre 1920 wurde es notwendiger denn je, die bewährten Verkehrsträger U-Bahn, Straßenbahn und Autobus unter einem Dach zu verwalten. Nach teilweise schwierigen Verhandlungen mit den zum Teil noch privat organisierten Verkehrsgesellschaften gelang es Ende 1928, sie im „Einheitsgroßunternehmen" Berliner Verkehrs-Gesellschaft zusammenzufassen. Wie schon erwähnt, nahm die BVG am 1. Januar 1929 ihre Arbeit auf.

Nicht Bestandteil der BVG wurde der von der DRG betriebene Stadt-, Ringbahn- und Vorortverkehr. Er hatte unter Obhut der jeweils agierenden Staatseisenbahn-Verwaltung eine lange Tradition, war aus technischen Gründen nicht ohne Weiteres vom Betrieb des übrigen Eisenbahnverkehrs zu trennen und zudem, von kurzen Ausnahmen abgesehen, ein wirtschaftliches Standbein für die DRG. Aber zurück zur BVG.

Blick auf die Teilanlagen des Potsdamer Bahnhofs in Berlin um 1937. Ganz rechts steht im Vorortbahnhof eine S-Bahn Richtung Groß-Lichterfelde Ost. Daneben ist der Ringbahnsteig zu sehen; im Hintergrund die imposante Halle des Fernbahnhofs, den gerade ein „Bankierzug" in Richtung Wannsee verlässt. Dahinter befindet sich der Wannseebahnhof!

Rechts: Gleisbauarbeiten bei der Straßenbahn in Berlin-Schöneberg. Ein Maximum-Triebwagen wird als Arbeitsfahrzeug eingesetzt

Größtes kommunales Verkehrsunternehmen der Welt

In der BVG-Betriebszeitung der BVG „Die Fahrt" wurde 1929 die Berliner Verkehrs-Aktiengesellschaft genauer charakterisiert:

„Die BVG betreibt die Hoch- und Untergrundbahnen, die Strassenbahnen, die Autobusse für das Volk von Berlin. ... Magistrat und Parlament von Berlin, der Aufsichtsrat, die Direktoren, das technische, kaufmännische, Fahr-, Stations- und Arbeitspersonal der BVG; sie sind der ausführende Arm des Volkes von Berlin; zur Bewältigung der Verkehrsanforderungen durch das Vertrauen des Volkes von Berlin berufen und für ihre Arbeit bezahlt. Die BVG ist eine Einrichtung der Berliner Volksgesamtheit. Die BVG ist ein öffentlicher Betrieb; in der BVG ist das Volk von Berlin sein eigener Unternehmer. ..." Dieses Spiegelbild der jungen Demokratie in der Weimarer Republik trägt eindeutig soziale Züge. Die BVG war seinerzeit das größte rein kommunale Verkehrsunternehmen der Welt und das größte aller Verkehrsunternehmen in Europa. Ihr ausschließlich im Besitz der Stadt Berlin befindliches Kapital betrug im Jahre 1930 rund

Reger Straßenbahnverkehr Ende der 1930er-Jahre in der Potsdamer Straße, die hier vom Landwehrkanal unterquert wird. Die Fahrzeuge tragen jetzt einen Farbanstrich in Elfenbein mit schwarzen Zierstreifen. Er wich der zuvor üblichen Lackierung in Weiß-Gelb

400 Millionen Reichsmark und die BVG beschäftigte 26.000 Mitarbeiter.

Die seit 1933 regierenden nationalsozialistischen Machthaber drängten im Zuge der so genannten Gleichschaltung auf die Auflösung der BVG als Aktiengesellschaft. Aus ihr wurde zum 1. Januar 1938 ein Eigenbetrieb der Stadt Berlin mit Bezeichnung „Berliner Verkehrs-Betriebe". Das Kürzel BVG blieb jedoch erhalten.

Straßenbahn weiter modernisiert

Bei Gründung der BVG existierte ein 634 Kilometer langes Straßenbahnnetz mit 1.600 Kilometer Linienlänge sowie 4.200 Trieb-, Bei- und Arbeitswagen. Allein bei der Straßenbahn waren 14.400 Mitarbeiter tätig. Noch 1929 wurde das Netz erweitert: Am Jahresende umfasste es eine Länge von 643 Kilometern, die Linienlänge betrug 1.686 Kilometer und betrieben wurden 93 Linien.

Im Interesse von Kosteneinsparungen ging die BVG recht schnell zu einer rationelleren Verwaltungsarbeit über. Die Buchführung für den Oberflächenverkehr wurde zum Teil vereinigt, beispielsweise eine gemeinsame Fahrscheinverwaltung für Autobus und Straßenbahn eingeführt.

Eine BVG-eigene Veröffentlichung vom Juli 1929 enthält nachstehende Selbstdarstellung zum Bereich Straßenbahn: „... In letzter Zeit hat die Berliner Presse sich mehrfach abfällig über dieses Verkehrsmittel

NAG-Umbau-Triebwagen des Typs TM 31 U mit der Nummer 3672 Mitte der 1930er-Jahre, darunter Gelenk-Triebwagen 6211, 1929 in Niesky gebaut. Der Wagen 6211 blieb erhalten und zählt heute zu den historisch besonders wertvollen Straßenbahn-Oldtimern Berlins

Oben links: Reger Straßen- und Hochbahnbetrieb Ende der 1920er-Jahre am Halleschen Tor

Blick auf den Potsdamer Platz um 1934 mit der berühmten ersten deutschen Verkehrsampel. Neben dem üblichen Straßenbahnverkehr rollten schon damals zahlreiche Doppeldecker-Autobusse

Vom Reichstag her bot sich im Jahre 1938 dieser Blick zum Brandenburger Tor: Solo-Triebwagen auf der Linie 24 während der Fahrt von Französisch Buchholz zum Anhalter Bahnhof, dahinter ein BVG-Doppeldecker-Autobus

Ein Triebwagen der Linie 1 an der Weidendammer Brücke auf der Fahrt durch die Friedrichstraße Richtung Oranienburger Tor. Links das Berliner Ensemble, rechts der alte, in den 1980-er Jahren abgetragene Friedrichstadt-Palast

Fast könnte man annehmen, diese Aufnahme ist erst in den 1960er-Jahren entstanden. Tatsächlich stammt dieses Bilddokument mit dem Blick auf den Fehrbelliner Platz aus dem Kriegsjahr 1940

Ein Zug mit Fahrzeugen des Typs T/B 24 der Linie 51 aus Nordend auf der Fahrt zum Roseneck in Grunewald im September 1934

geäußert und es als überlebt bezeichnet. Wenn sich diese Kritik auf die Strassenbahn in ihrem heutigen technischen Zustand bezieht, so ist sie vielleicht nicht ganz unberechtigt. Die Strassenbahn muss und wird aber technisch so ausgestaltet werden, dass sie den Ansprüchen des Großstadtverkehrs in jeder Hinsicht entspricht; denn sie gilt als das technische und finanzielle Rückgrat der BVG. ..."

Tatsächlich investierte die BVG in den Folgejahren beträchtliche Mittel in die Modernisierung des Wagenparks. Noch die Straßenbahn-Betriebs GmbH hatte 300 Mitteleinstiegwagen bestellt, die ab Juni 1929 nach und nach in Betrieb gingen. Von 1933 an bekamen die ersten 50 Wagen eine Zweifachsteuerung, die das Fahren zweier Triebwagen im Verbund gestattete. Von 1934 bis 1938 folgten nochmals rund 250 Mitteleinstiegwagen, die aber aus Kostengründen nur Einfachsteuerung erhielten.

Abschied von der Meterspur

Am 15. Februar 1930 stellte die BVG den Betrieb auf den letzten Meterspurstrecken im Ortsteil Lichterfelde ein. Da der Aufwand zum Umbau auf Normalspur nicht im Verhältnis zum Nutzen stand, wurden die Linien auf Autobusbetrieb umgestellt. Noch im selben Jahr, am 1. September 1930, konnte der neue Straßenbahn-Betriebshof Charlottenburg mit dort errichteten Betriebswohnungen eröffnet werden.

Die Weltwirtschaftskrise und die damit auf ein nie gekanntes Ausmaß gestiegene Arbeitslosigkeit wirkten sich auch nachteilig auf das Verkehrsaufkommen der Straßenbahn in der Reichshauptstadt aus. Die planmäßige betriebene Streckenlänge reduzierte die BVG bis 1933 auf 624 Kilometer. Es verkehrten nur noch 72 Straßenbahnlinien, für deren Betrieb 3.240 Straßenbahnfahrzeuge zur Verfügung standen.

Veränderungen unter dem Hakenkreuz

Ab 31. Oktober 1934 wurde die Stammstrecke der ersten Pferdebahn Deutschlands auf der damaligen Charlottenburger Chaussee durch den Tiergarten eingestellt, da die Straßenbahn dem Umbau dieses Bereichs zur Ost-West-Achse, heute Straße des 17. Juni, im Wege stand. Überhaupt hielten sich unter den nationalsozialistischen Machthabern die Bestrebungen, das Straßenbahnnetz auszubauen, arg in Grenzen. Man hielt leistungsfähige S- und U-Bahnlinien für zeitgemäßer – ebenso wie ein dichtes Autobusliniennetz.

Im Zusammenhang mit der von den Nationalsozialisten geplanten Umgestaltung Berlins zur Hauptstadt „Germania" war zwar nicht die komplette Abschaffung der Straßenbahn vorgesehen, sehr wohl aber deren Reduzierung auf die Außenbezirke!

Im Jahre 1936 verschwanden die letzten offenen Straßenbahnwagen der Bauart Maximum aus dem Stadtbild. Während der Olympischen Spiele war man bemüht, ein modernes, leistungsfähiges und freilich „nationalsozialistisch" geprägtes Verkehrssystem zu präsentieren, das damals aber ohne die Straßenbahn undenkbar gewesen wäre. So richtete die BVG auf dem bestehenden Netz drei neue Straßenbahnlinien im Bereich des heutigen Olympiastadions ein und verlängerte zwei weitere. Während der Olympischen Spiele überquerten den heutigen Theodor-Heuss-Platz 70 Drei-Wagen-Züge je Richtung und Stunde. Das entsprach einer Beförderungskapazität von 14.000 Fahrgästen! Nach wie vor betrieb die BVG im Jahre 1938 das größte Straßenbahnnetz in Deutschland. Auf einer Linienlänge von 1.365 Kilometern fuhren 71 Linien. Zur Verfügung standen 2.823 Straßenbahnfahrzeuge, davon 1.557 Triebwagen, die in 16 Betriebshöfen beheimatet waren. Die BVG beschäftigte im selben Jahr allein im Bereich der Straßenbahn fast 13.000 Mitarbeiter.

Wären neuzeitlicher Pkw, Betonfahrleitungsmast und Scherenstromabnehmer nicht, könnte dieses Foto aus den 1920er-Jahren stammen. Zu sehen ist hier „Oldie" 5256 der ehemaligen Schmöckwitz-Grünauer Uferbahn (November 1986)

Im Zusammenhang mit der Fertigstellung des ersten Teils der als „Vorzeige-Prachtstraße" projektierten Ost-West-Achse verschwand die Straßenbahn zum 1. Januar 1939 im Bereich Großer Stern gänzlich: Zwei Linien musste die BVG verkürzen und eine gänzlich aufgeben. Im Interesse geringerer Betriebsaufwendungen wurde am 31. August 1939 der Straßenbahnbetriebshof Halensee geschlossen.

Während des Zweiten Weltkriegs

Bald nach Beginn des Zweiten Weltkriegs nahm die Straßenbahn den Güterverkehr auf, um flüssige Treibstoffe einzusparen. Transportiert wurden in meist für diese Zwecke hergerichteten Arbeitswagen Lebensmittel und andere Versorgungsgüter. Zahlreiche Anschlussgleise entstanden im Bereich mehrerer Güterbahnhöfe und Industriebetriebe bzw. Handelsunternehmen.

Am 12. August 1940 eröffnete die BVG die einzige in der Zeit der nationalsozialistischen Diktatur erbaute Straßenbahnstrecke. Sie führte von Rudow in die zum damaligen Landkreis Teltow gehörende Gemeinde Schönefeld. Diese Verbindung galt ebenso als „kriegswichtig" wie die auf dem Gelände des heutigen Flughafens Schönefeld ansässigen Henschel-Flugzeug-Werke, für die ein umfangreicher Berufsverkehr abzusichern war.

Um den Fahrzeugpark weiter zu verjüngen, übernahm die BVG aus einer von den polnischen Verkehrsbetrieben der Stadt Warschau noch vor Kriegsbeginn bei deutschen Herstellern bestellte Straßenbahnfahrzeug-Großserie 60 Trieb- und 18 Beiwagen. Diese Fahrzeuge mussten 1945 – soweit nicht durch Kriegseinwirken zerstört

Das Berliner U-Bahn-Netz in seiner maximalen Ausdehnung vor dem Zweiten Weltkrieg mit dem Stand von 1938

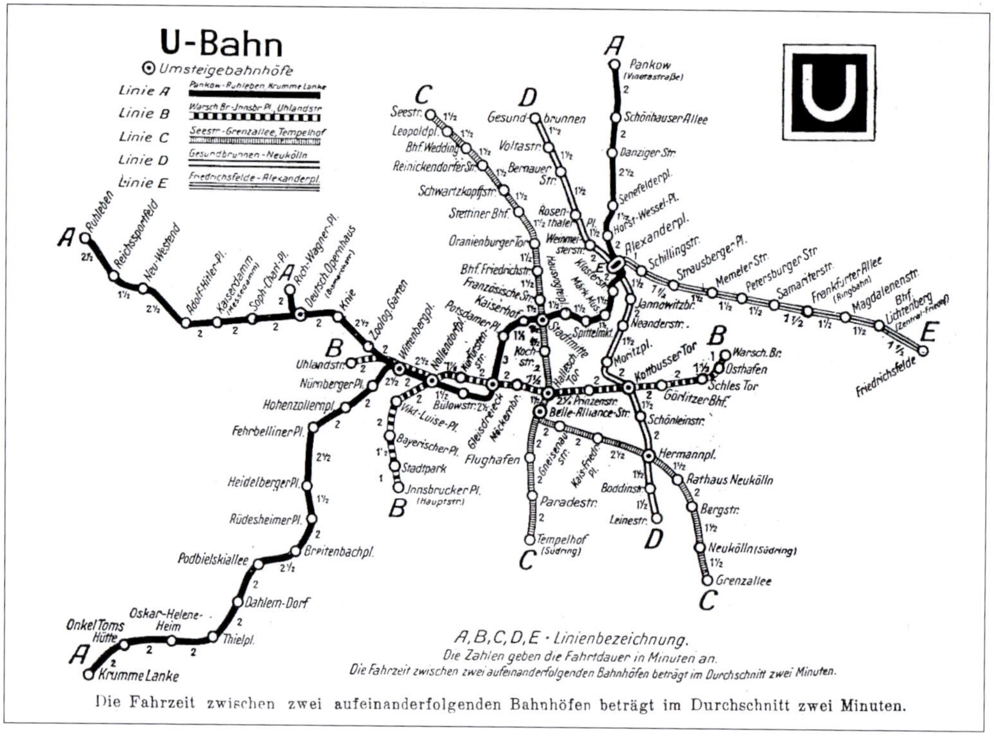

– an die Republik Polen für den Einsatz in Warschau abgegeben werden.

Durch die Einstellung zahlreicher Autobuslinien erreichte die Straßenbahn in Berlin 1942 einen Beförderungsrekord: Die BVG zählte auf den 82 von ihr betriebenen Linien 914,4 Millionen Fahrgäste. Auf den 554 Kilometer Straßenbahnstrecken gelangten 1.617 Triebwagen und 1.284 Beiwagen zum Einsatz.

Empfindlich auf den Straßenbahnbetrieb wirkten sich vom 1. März 1943 an die ständig zunehmenden, auf Berlin geflogenen Luftangriffe aus. Sie führten zur zeitweiligen und in einigen Fällen gar zur völligen Einstellung des Straßenbahnbetriebs auf zerstörten Streckenabschnitten. Schließlich sah sich die BVG immer wieder gezwungen, verschiedene Linien zusammenzulegen oder gänzlich aufzugeben. Zudem wurden Haltestellenabstände vergrößert, um die Umläufe der Wagenzüge zu beschleunigen, Fahrzeuge zu schonen und Strom zu sparen. Die Zahl der einsatzfähigen Trieb- und Beiwagen wurde durch Zerstörungen oder wegen fehlender Reparaturmöglichkeiten von Monat zu Monat geringer. Ebenso fehlte es an Schaffnern und Fahrern.

Am 21. April 1945 begann der Kampf um Berlin. Einige Stadtbezirke bzw.- teile, beispielsweise Spandau, Borsigwalde, Tegel und Marienfelde, wurden zu diesem Zeitpunkt noch von 6 bis 20 Uhr mit der Straßenbahn bedient. Zwei Tage später kam dieser Betrieb – wie der in den Innenstadtbezirken bereits Wochen vorher – fast vollständig zum Erliegen. Nur in „kampffreien Zonen“ rollten noch ein paar Bahnen. Es ist aus heutiger Sicht erstaunlich, mit welcher Kraft die Straßenbahner bis zur letzten Minute den Betrieb dort aufrecht hielten, wo es noch möglich war. Spätestens am 23. April 1945 fuhr keine Straßenbahn mehr in Berlin.

U-Bahn-Ausbaupläne

Die bereits vor Gründung der BVG vorgelegten U-Bahn-Ausbaupläne waren beachtlich. Langfristig sollte die U-Bahn vor allem in der City zum Hauptverkehrsträger des öffentlichen Nahverkehrs avancieren. Dabei berücksichtigte man in erster Linie den Bau von Großprofilstrecken. Das Kleinprofilnetz stand zwar nicht zur Disposition, aber eine Erweiterung war – wenn überhaupt – nur in den Außenbreichen vorgesehen.

In den 1930er-Jahren wurden die Projekte aus den 1920er-Jahren überarbeitet. Vorrang hatten nunmehr folgende Neubauten:

- Über Pichelsdorf nach Spandau Johannisstift und Kladow über Gatow,
- Wilmersdorfer Straße – Lichterfelde West,
- Krumme Lanke – Kleinmachnow und
- Strecken nach Lankwitz, Marienfelde, Britz, Marzahn, Weißensee und bis nach Lübars.

Besonderer Wert wurde bei den Erweiterungsbauten auf die Schaffung direkter Umsteigeanlagen zwischen S- und U-Bahn gelegt. Doch eine solche Anlage sollte erst fünf Jahrzehnte später in Ostberlin in Gestalt des Bahnhofs Wuhletal verwirklicht werden.

Die U-Bahn-Bauvorhaben kamen in den zwölf Jahren Nazi-Diktatur über bescheidene Anfänge nicht hinaus: Im Sommer 1938 begannen Bauarbeiten am Reichstag, in der Moltkestraße (heute Platz der Republik), am Tempelhofer Damm, im Bereich Kaiserdamm und Reichskanzlerplatz (von 1933 bis 1945 Adolf-Hitler-Platz, seit 1963 Theodor-Heuss-Platz). Außerdem wurde der U-Bahn-Bau in den Bereichen Hermannstraße Richtung Leinestraße und Scharnweberstraße (ab Seestraße) aufgenommen. Im Jahr 1940 stellte man sämtliche Arbeiten ein. Sie sollten nach dem „Endsieg“ unverzüglich wieder aufgenommen werden. Ein großer Teil der Baugruben wurde später wieder zugeschüttet; auch mit Trümmern – eine traurige Bilanz angesichts der noch wenige Jahre zuvor groß angelegten Ausbaupläne.

Derartige Situationen wie hier bei U-Bahn-Bauarbeiten in der Klosterstraße 1928 (oben) und einem Fototermin mit den bei der Herstellung der Nord-Süd-U-Bahn-Strecke 1925 beschäftigten Handwerkern (unten) gab es während der Zeit der nationalsozialistischen Diktatur in Berlin selten, da das Untergrundbahn-Netz in diese Zeit nicht erweitert wurde

Ein Zug auf der Nord-Süd-U-Bahn-Strecke im Bahnhof Kreuzberg (ab 1937 Flughafen und seit 1975 Platz der Luftbrücke) in Fahrtrichtung Seestraße um 1935. Der hier abgebildete Wagenzug des Typs B I wurde wegen der ovalen Frontscheiben auch als Tunneleule bezeichnet

Oben links: Bau der Nord-Süd-S-Bahn zwischen den Bahnhöfen Unter den Linden und Potsdam Platz. Hier ein Blick aus Richtung Potsdamer Platz zum Brandenburger Tor

Eröffnung des Anhalter Bahnhofs der Nord-Süd-S-Bahn Anfang November 1939

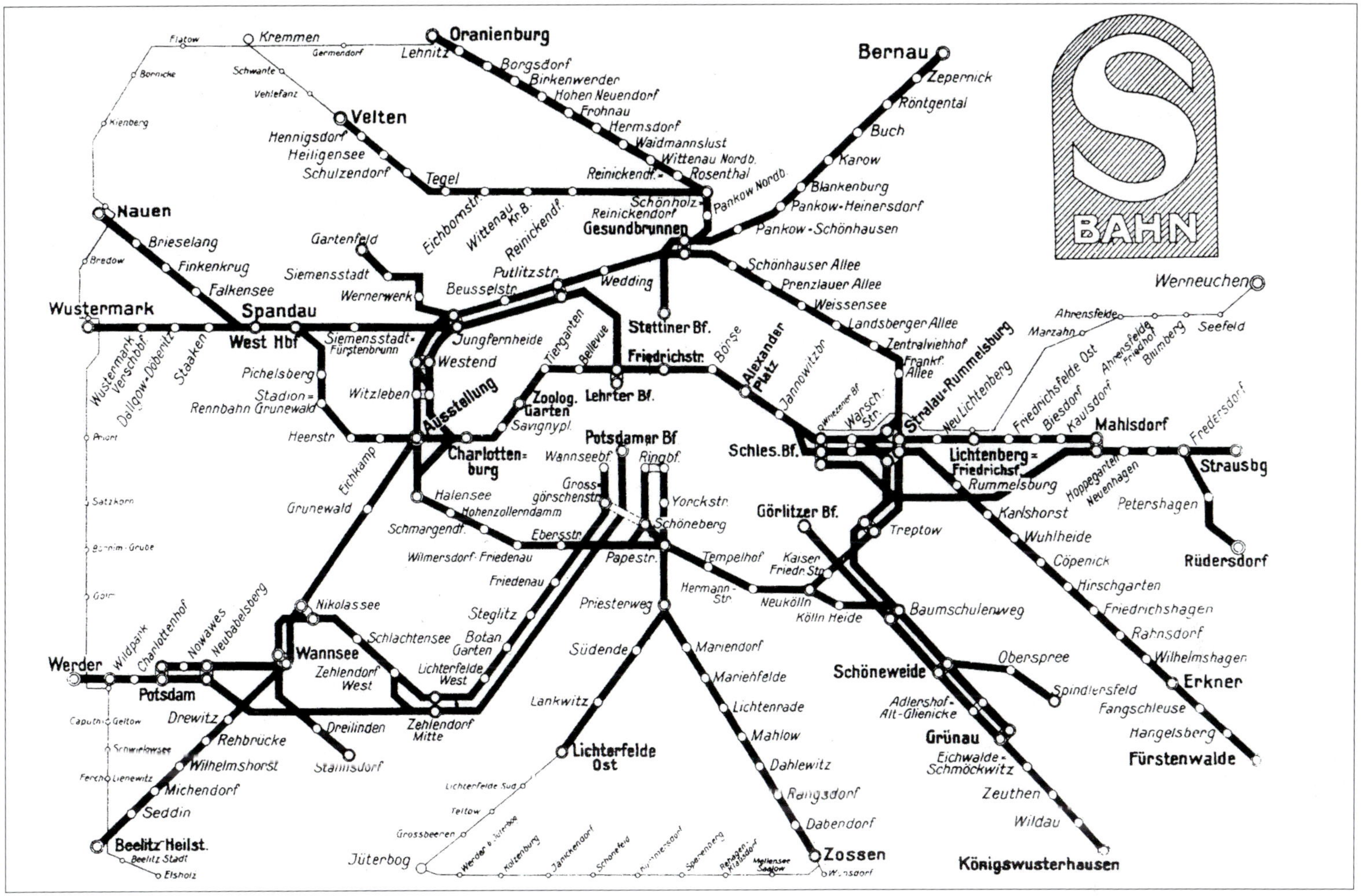

Netzplan des gesamten S-Bahn-Tarif-Bereichs mit Stand von 1935. Die mit Gleichstrom betriebenen Strecken sind hier nicht gesondert ausgewiesen. Die Nord-Süd-S-Bahn fehlt noch

Zu den größten Einbrüchen im U-Bahn-Betrieb zählte Anfang 1945 die Zerstörung des Streckenabschnitts der U-Bahn-Linie A zwischen Klosterstraße und Märkischem Museum, in deren Folge die Tunnelanlagen mit Spreewasser überflutet wurden. Von derartigen Auswirkungen waren aber auch andere Strecken der U-Bahn betroffen. Hinzu kamen zahlreiche Zerstörungen an den Hochbahnviadukten. In den letzten Kriegsmonaten war – wenn überhaupt – nur noch Pendelverkehr möglich (besonders auf den Außenstrecken), der aber um den 20. April 1945 ebenfalls zum gänzlich Erliegen kam.

S-Bahn weiter im Aufwind: Wannseebahn komplett unter Strom

Im Rahmen der „Großen Elektrisierung" blieb die älteste Vorortbahn Berlins, die Wannseebahn, unberücksichtigt, stand aber im Rahmen weiterer Elektrifizierungspläne an oberster Stelle. Auch hier galt der Dampfbetrieb als veraltet und unattraktiv. Die DRG verlor mehr und mehr Fahrgäste an parallel verlaufende Straßenbahn- und Autobuslinien der BVG. Deshalb beschloss der Verwaltungsrat der DRG trotz der Weltwirtschaftskrise, die Wannseebahn umgehend zu elektrifizieren. Die Arbeiten wurden 1931 in Angriff genommen und berücksichtigten

- die Wannseebahnstrecke Berlin Wannseebahnhof – Zehlendorf Mitte (heute Berlin-Zehlendorf) – Wannsee,
- die Fernbahngleise Berlin Potsdamer Fernbahnhof – Zehlendorf Mitte und
- die Verbindungsgleise zwischen der Stammbahn und der Wannseebahn bei Zehlendorf. Neu entstanden die Bahnhöfe Schöneberg (mit Umsteigemöglichkeit zur Ringbahn), Feuerbachstraße und Sundgauer Straße.

Diese Anlagen nahm die DRG am 15. Mai 1933 komplett in Betrieb und sie bescherten der S-Bahn sehr schnell einen weiteren Ver-

S-Bahn-Zug der Bauart Stadtbahn und ein Fernzug während der Fahrt in Höhe der Unterbaumstraße zwischen Friedrichstraße und Lehrter Stadtbahnhof um 1929

S-Bahnhof Cöpenick (heutige Schreibweise Köpenick) um 1928 mit einem ausfahrenden S-Bahn-Zug der Bauart Stadtbahn

Unten: Zehlendorf Mitte im Jahr 1936 mit S-Bahn-Verkehr auf der Wannseebahn

kehrsanstieg. In diesem Zusammenhang hatte die DRG 1932/33 technisch weiterentwickelte Viertelzüge in Dienst gestellt, an denen besonders die anders gestalteten Stirn- und Türfenster auffielen und für die sich intern die Bezeichnung „Bauart Wannseebahn" durchsetzte.

Außerdem war vorgesehen, den S-Bahn-Verkehr auf den Fernbahngleisen der Wannseebahn, insbesondere zwischen Berlin Potsdamer Fernbahnhof und Zehlendorf Mitte, kurzfristig zu beschleunigen und damit attraktiver zu gestalten. Für die zwischen den genannten Bahnhöfen ohne Zwischenhalt verkehrenden Zugeinheiten setzte sich sehr schnell die Bezeichnung Bankierzüge durch, da sich unter den Stammfahrgästen nicht wenige „Banker" befanden, die in der City arbeiteten, aber in Zehlendorf und Wannsee Villen bewohnten. Die DRG beauftragte die Industrie, neue Fahrzeuge zu konstruieren und zu fertigen. Nachdem 1935 ein Versuchszug zur Verfügung stand, der durch die moderne Gestaltung des Wagenkastens, insbesondere durch abgerundete Stirnfronten, auffiel und zudem eine Höchstgeschwindigkeit von 120 km/h erreichte, folgte im Olympiajahr 1936 die erste Serienlieferung. Diese Fahrzeuge waren anfänglich sogar für eine Höchstgeschwindigkeit von 140 km/h zugelassen, die später jedoch durch Einbau anderer Motoren nicht mehr möglich war. Hinzu kamen im gleichen Jahr für das übrige Netz Fahrzeuge für 80 km/h. Ab 1942 erhielten diese Züge die Baureihenbezeichnung ET 166. Die Fahrzeuge wurden in der Folgezeit weiterentwickelt, zumal in jener Zeit nach dem Vorbild der Wannseebahn weitere Fernbahngleise elektrifiziert werden sollten, um dampfbetriebene Vorortzüge über größere Strecken durch S-Bahnen ersetzen zu können. Die Deutsche Reichsbahn bestellte 291 der als Baureihe ET 167 bezeichneten Viertelzüge, die allerdings bis zum Ende des Zweiten Weltkriegs nicht mehr vollständig ausgeliefert werden konnten.

Unabhängig vom S-Bahn-Geschehen in Berlin befassten sich das Reichsverkehrsministerium und das Reichsbahn-Zentralamt seit Mitte der 1930er-Jahre mit dem Projekt einer „Fern-S-Bahn" zwischen Berlin und Hamburg. Für diesen Betrieb waren

Ein U-Bahn-Zug um 1928 auf der Fahrt in den Untergrund zwischen Nollendorfplatz und Wittenbergplatz

Oben: U-Bahnhof Möckernbrücke im Jahre 1927, unten der Landwehrkanal

S-Bahn-Instandsetzung im Jahre 1938 im Reichsbahnausbesserungswerk Berlin-Schöneweide. Von links: ein Triebwagen der Bauart Oranienburg (ab 1942: Baureihe ET 168) und Fahrzeuge der Bauart Stadtbahn

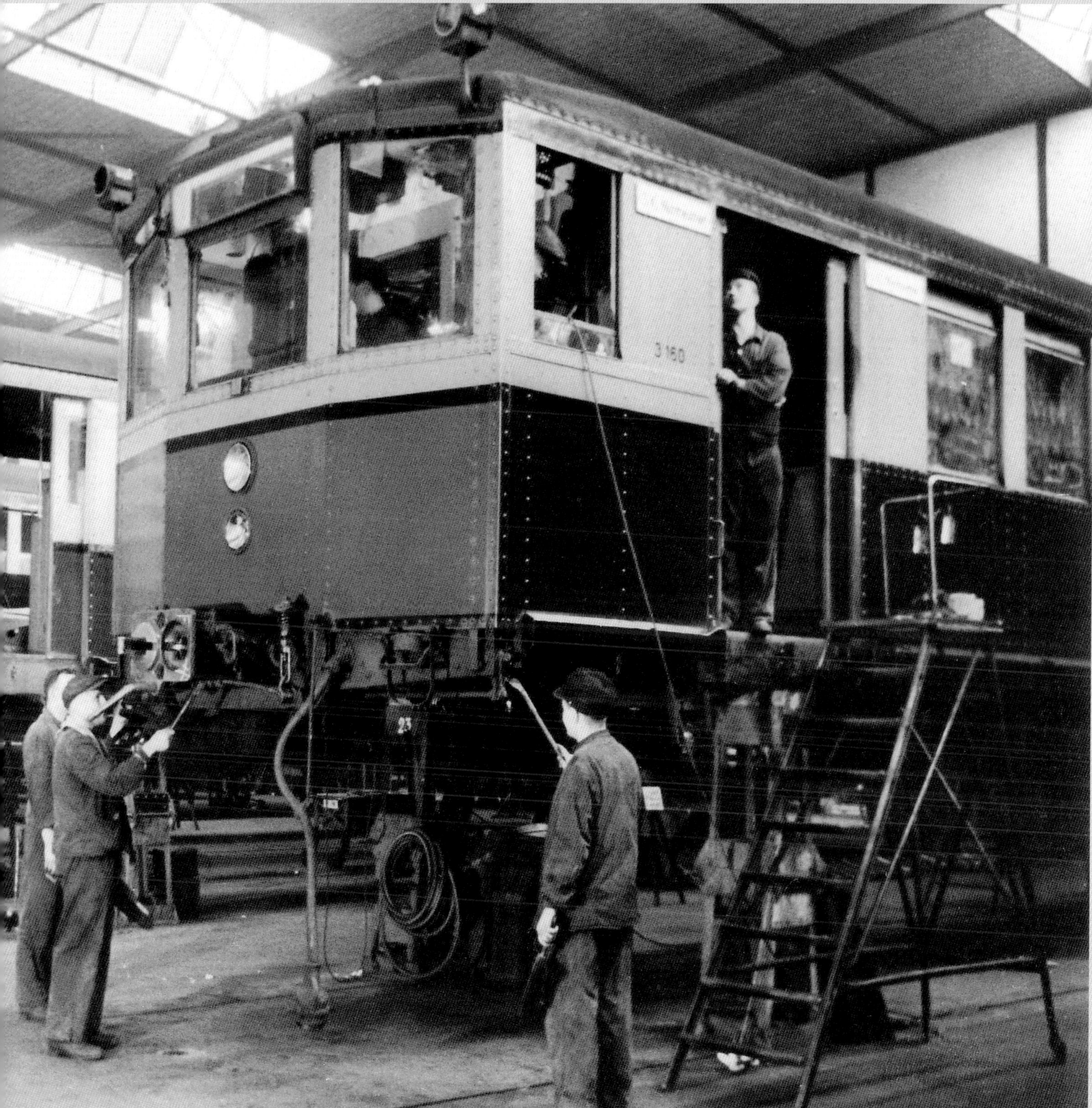
3 160
23

Der U-Bahn-Bahnhof Krumme Lanke im Jahre 1928

Oben: S-Bahn-Zugverkehr um 1930 im Bahnhof Eichkamp. Im Hintergrund die Deutschlandhalle

Diesem Probezug war kein Glück beschieden: eingedrückter Führerstand eines offensichtlich zuvor im Reichsbahnausbesserungswerk Berlin-Schöneweide instand gesetzten Triebwagens der Bauart Stadtbahn während des Zweiten Weltkriegs

Probezug
traucher-

Triebwagenzüge vorgesehen, die in den Bereichen beider Millionenstädte mit 800 V Gleichspannung, in den Außenbezirken jedoch mit 1.200 V Gleichspannung fahren sollten. Zur Unterhaltung war ein neues Bahnbetriebswerk in Falkensee geplant. Im Mit dem Inkrafttreten des Groß-Hamburg-Gesetzes im Jahre 1937 wurden die Vorhaben nicht weiter verfolgt

Unter der Stadt von Nord nach Süd

Schon am Anfang des 20. Jahrhunderts gab es mehrere Pläne, die südlichen Vorortbahnen mit den nördlichen zu verbinden. Sie endeten bekanntlich in den alten Fernbahnhöfen bzw. in den für diese Verkehre zusätzlich eingerichteten Bahnhofsteilen (Potsdamer Ringbahnhof, Potsdamer Wannseebahnhof, Stettiner Vorortbahnhof). Infolge der dichten Bebauung Berlins kam schon damals nur eine unterirdische Streckenführung infrage. Doch der Betrieb einer solchen Verbindung stieß auf Probleme, da dafür die Dampftraktion kaum geeignet schien.

Nach langen Diskussionen entschied sich die DRG im Einvernehmen mit der Reichsregierung im Jahr 1933 für den Bau einer Tunnelstrecke, die ausschließlich dem S-Bahn-Verkehr vom Stettiner Bahnhof in Richtung Wannseebahn dienen sollte. Das gigantische Bauvorhaben wusste die gerade an die Macht gekommene nationalistische Regierung progandistisch geschickt auszunutzen.

Bereits am 28. Juli 1936 konnte der erste Teil der Nord-Süd-S-Bahn zwischen Stettiner Bahnhof und Unter den Linden anlässlich der XI. Olympischen Spiele in Berlin eröffnet werden. Die Strecke weist beachtliche Parameter auf: Krümmungshalbmesser zwischen 140 und 150 Meter sowie Neigungsverhältnisse von 1:25 bis 1:40 zum Ausgleich der jeweiligen Tieflagen.

Größte Gleichrichterleistungen der Welt

Während der Olympischen Spiele beförderte die S-Bahn an bestimmten Tagen 2,3 Millionen Personen, eine Leistung, die es im Eisenbahnnahverkehr der Reichshauptstadt bis dahin nicht gegeben hatte. Als beachtlich erwies sich der tägliche Stromverbrauch für die S-Bahn von 1936 bis 1939; er entsprach etwa der täglichen Stromzuteilung für Groß-Berlin im Jahre 1947! Die angebotene Dauerleistung sämtlicher Gleichrichter über Unterwerke betrug bis 1939 insgesamt 208.000 kW; das war die bis dahin größte Gleichrichterleistung in einem Ballungszentrum auf der Welt.

Vom 15. April 1939 wurde der Abschnitt Unter den Linden – Potsdamer Platz der Nord-Süd-S-Bahn eröffnet und exakt einen Monat später rollten die rot-gelben S-Bahn-Züge außerdem auf dem Abschnitt Priesterweg – Mahlow. Mit der Inbetriebnahme der Teilstrecke Potsdamer Platz – Anhalter Bahnhof am 9. Oktober 1939 konnte die nunmehr 5,8 Kilometer lange Nord-Süd-Bahn durchgehend in Richtung Wannseebahn, ab 6. November 1939 auch in Richtung Lichterfelde und Mahlow befahren werden.

Schließlich fuhr die S-Bahn vom 6. Oktober 1940 an über Mahlow hinaus bis nach Rangsdorf. Allerdings waren auf diesem Abschnitt keine gesonderten Vortortgleise gebaut, sondern lediglich die Fernbahngleise der Hauptstrecke Berlin – Dresden mit Stromschienen ausgerüstet worden.

Gigantische S-Bahn-Neubaupläne

Der von den nationalsozialistischen Machthabern fieberhaft geplante Ausbau Berlins zur „Hauptstadt Germania“ sah früher oder später die Auflösung der alten Kopfbahnhöfe zugunsten eines Nordbahnhofs und eines Südbahnhofs vor, verbunden mit riesigen Gleisanlagen. Um gleichzeitig die Infrastruktur den Verkehrsbedürfnissen von „Germania“ anzupassen, sollte die Länge des S-Bahn-Netzes verdoppelt werden. Neben zahlreichen Strecken innerhalb Berlins waren unter anderem nachstehende Außenverbindungen vorgesehen:

- Berlin-Lichterfelde Ost – Ludwigsfelde – Trebbin,
- Berlin-Lichterfelde Süd – Stahnsdorf – Drewitz (heute Potsdam Medienstadt Babelsberg) – Potsdam (heute Potsdam Hauptbahnhof),
- Berlin-Grünau – Königs Wusterhausen,
- Rangsdorf – Wünsdorf,
- Potsdam – Wildpark (heute Potsdam Park Sanssouci) – Werder (Havel),
- Reichssportfeld (heute Olympiastadion) – Groß Glienicke – Krampnitz – Wildpark,
- Jungfernheide – Berlin-Spandau Nauen/Wustermark,
- Berlin-Mahlsdorf – Strausberg,
- Friedrichsfelde Ost – Marzahn – Werneuchen,
- Erkner – Fürstenwalde (Spree) und
- Berlin-Wannsee – Drewitz – Beelitz Heilstätten.

Von diesen Vorhaben konnten während des Zweiten Weltkriegs jedoch nur bescheidene Erweiterungen in Angriff genommen werden. So wurden gesonderte Vorortgleise 1943 zwischen Lichterfelde Ost und Ludwigsfelde sowie 1944 zwischen Mahlsdorf und Strausberg verlegt und in Betrieb genommen. Als letzte Erweiterung des Gleichstromnetzes der Berliner S-Bahn vor dem Ende des Zweiten Weltkriegs ging lediglich am 9. April 1943 der Abschnitt Lichterfelde Ost – Lichterfelde Süd in Betrieb.

Begonnen wurde mit Trassenarbeiten zwischen Berlin-Grünau und Königs Wusterhausen für Vorortgleise und auf der geplanten Neubaustrecke Lichterfelde Süd – Teltow Stadt – Stahnsdorf. Sie mussten aber im Verlaufe des Jahres 1943 gänzlich aufgegeben werden.

Im Sommer 1943 bestand auf einem 294,85 Kilometer langen Streckennetz S-Bahn-Verkehr. Davon waren nur 8,29 Kilometer eingleisig. Auf 68,61 Kilometer Strecke fand ein Gemeinschaftsbetrieb mit Dampfzügen statt. Beachtlich war das Fahrgastaufkommen auf den in den Stadt-, Ring- und Vororttarif einbezogenen Verbindungen. 1927 wurden auf ihnen insgesamt 358 Millionen Reisende gezählt, 1930 waren es bereits 429 Millionen und 1937 beachtliche 737 Millionen.

Blick auf das Gelände der U-Bahn-Betriebswerkstatt Grunewald im Jahre 1928

Luftangriffe und ihre Auswirkungen

Oft gelang es, die durch Luftangriffe der Alliierten zerstörten Bahnanlagen innerhalb weniger Stunden notdürftig zu reparieren und dann weiter zu betreiben. Besondere Verdienste hatten dabei erfahrene Betriebseisenbahner, unter ihnen Friedrich Kittlaus (1901 – 1991), der nach dem Zweiten Weltkrieg in West-Berlin wohnte und dennoch als Vizepräsident der in Ostberlin ansässigen Reichsbahndirektion Berlin Chef der S-Bahn werden sollte.

Trotzdem war die Deutsche Reichsbahn in den Kriegsjahren mehr und mehr gezwungen, den S-Bahn-Verkehr infolge von Bombenschäden, Fahrzeug- und Personalmangel sowie von Engpässen in der Stromversorgung nach und nach zu reduzieren. So wurde Ende 1942 die Verbindungskurve zwischen Stadtbahn und Nordring am Ostkreuz aufgegeben. Von Ende November 1943 an fuhren die Vollringzüge nicht mehr in den zerstörten Potsdamer Ringbahnhof. Sie rollten nunmehr zwischen Papestraße und Schöneberg auf direktem Weg und befuhren damit den im Volksmund als „Strecke ohne Ende“ bezeichneten „Vollring“. 1943/44 wurde außerdem die Verbindungsstrecke Charlottenburg – Westend stillgelegt. Die übrigen Strecken blieben weiter in Betrieb, wenn auch wegen zerstörter Bahnanlagen und zunehmender Stromausfälle immer häufiger Züge ausfielen.

Aufnahme des elektrischen Zugbetriebs der Berliner S-Bahn von 1933 bis 1943

Datum	Streckenabschnitt	Länge (km)	davon Mischbetrieb mit Dampfzügen (km)
15.05.1933	Potsdamer Fernbahnhof – Zehlendorf Mitte	12,06	12,06
15.05.1933	Wannseebahnhof – Zehlendorf Mitte – Wannsee	18,61	–
15.05.1933	Verbindungsgleis bei Zehlendorf Mitte	1,04	–
28.07.1936	Humboldtheim – Unter den Linden	3,38	–
Sommer 1936	Verbindungsleis bei Heerstraße – Reichssportfeld	1,42	–
15.04.1939	Unter den Linden – Potsdamer Platz	0,96	–
15.05.1939	Priesterweg – Mahlow	11,77	10,05
09.10.1939	Potsdamer Platz – Anhalter Bahnhof – Großgörschenstraße	4,22	–
06.11.1939	Anhalter Bahnhof – Yorckstraße	1,24	–
06.10.1940	Mahlow – Rangsdorf	7,47	7,47
09.08.1943	Lichterfelde Ost – Lichterfelde Süd	2,55	–

Am 25. April 1945 brach durch den Ausfall der Stromversorgung und die Kampfhandlungen um Berlin der S-Bahn-Verkehr völlig zusammen. Tags darauf sprengte man getreu dem am 19. März 1945 erlassenen Führerbefehl, der beim Nahen sowjetischer Truppen die Zerstörung aller Anlagen und Fahrzeuge anordnete, den Nord-Süd-Bahn-Tunnel unter dem Landwehrkanal. Ein großer Teil der S-Bahn-Anlagen wurde überflutet. Im Tunnel befanden sich auch mehrere S-Bahn-Züge und, was viel schlimmer war, zahlreiche Menschen, die Schutz vor den Kampfhandlungen suchten und zum größten Teil in den Wassermassen ertranken.

Vom Glanz des noch wenige Jahre zuvor weltweit anerkannten Berliner S-Bahn-Systems blieb am Ende des Zweiten Weltkriegs nichts mehr übrig.

Veränderte Bedingungen – Ein schwerer Start 1945

Vom 23. April bis 2. Mai 1945 eroberten sowjetische Truppen die gesamte Reichshauptstadt Berlin. Bei schweren Straßenkämpfen, beispielsweise in der heutigen Karl-Marx- und der Frankfurter Allee, wurden nicht nur viele Gebäude restlos zerstört, sondern ebenso weitere Anlagen der Straßenbahn und U-Bahn.
Bereits am 28. April 1945 ließ der zum sowjetischen Stadtkommandanten für Berlin ernannte Generaloberst Bersarin den Wiederaufbaubefehl Nr. 1 verkünden. Darin heißt es unter anderem:

„Alle kommunalen Betriebe, städtischen Verkehrsmittel (Untergrund- und Hochbahn, Straßenbahn und Trolleybus) ... haben ihre Arbeit zur Versorgung der Bevölkerung wieder aufzunehmen."

Nachdem am 8. Mai 1945 die bedingungslose Kapitulation des Deutschen Reichs besiegelt worden war, übernahm die sowjetische Militäradministration die Leitung des Verkehrswesens in der gesamten Stadt. Und Mitte Mai 1945 setzte Bersarin einen neuen (parteilosen) Oberbürgermeister ein.

Bombenangriffe verwüsteten auch den Innsbrucker Platz und „öffneten" den dortigen U-Bahn-Tunnel. Die Aufnahme aus dem Jahre 1946 zeigt, dass der Trümmerschutt beseitigt und der U-Bahn-Zugverkehr wieder aufgenommen worden war

Zerstörte Bauten und Verkehrsanlagen

Eine erste Bilanz über die Kriegsschäden in Berlin ergab eine erschreckendes Bild: Fast alle Bauten auf einer Stadtfläche von 28,5 km^2 waren zerstört. Nach ersten Schätzungen befanden sich in Berlin 80 Millionen m^3 Trümmerschutt. Von den 4,3 Millionen Einwohnern lebten noch 2,5 Millionen in der Stadt. Nicht weniger trostlos offenbarte sich die Situation des Schienennahverkehrs: Bis zu 95 Prozent der Fahrleitungsmaste der Straßenbahn waren beschädigt und lagen zum Teil auf den Straßen. Insgesamt 420 Straßenbahnwagen wurden durch Luftangriffe und bei Straßenkämpfen völlig zerstört. Dennoch gelang es schon bald, Teilstrecken der Straßenbahn und der U-Bahn, zunächst überwiegend in den Außenbezirken, wieder in Betrieb zu nehmen.

Da das weitere Schicksal sowohl des Schienenverkehrs der BVG als auch der von der Deutschen Reichsbahn betriebenen Berliner S-Bahn eng mit den politischen Ereignissen der Nachkriegszeit in Deutschland und Berlin verbunden ist, wird an dieser Stelle kurz auf die allgemeine Entwicklung Berlins während der ersten Nachkriegsjahre eingegangen.

Die Siegermächte befehlen

Auf Grundlage der Londoner Protokolle aus dem Jahre 1944 und der „Viermächteerklärung von Berlin" vom 15. Juni 1945 richteten die Siegermächte des Zweiten Weltkriegs, USA, UdSSR, Großbritannien und Frankreich, die Alliierte Kommandantur als gemeinsames Regierungsorgan ein. Vom 11. Juli 1945 an besetzten Truppen der USA, aus Großbritannien und Frankreich die ihnen vertraglich zugesicherten Sektoren, während sich die UdSSR auf das ihr zugewiesene Territorium, das spätere Ostberlin, zurückzog. Außerdem nahm der Alliierte Kontrollrat seine Arbeit auf, in welchem die vier Siegermächte gleichberechtigt vertreten waren.

Trotz unübersehbarer Engpässe kam das Leben in der ehemaligen Reichshauptstadt wieder langsam in Gang. Zusehends verschärften sich aber die Fronten zwischen der Sowjetunion und den drei Westmächten. Beide Seiten versuchten ihre jeweils durch unterschiedliche Ideologien gekennzeichnete Politik in Gesamt-Berlin durchzusetzen, wobei die Sowjetunion besonders bemüht war, ihr gesellschaftliches System flächendeckend zu installieren. Im März 1948 verließ die Sowjetunion den Alliierten Kontrollrat und drei Monate später die Alliierte Kommandantur. Da sich die Siegermächte über die Einführung einer einheit-

Trümmerbahn und Straßenbahn im Jahre 1946 in der Warschauer Straße – eine nicht seltene Situation im Nachkriegs-Berlin. Nur bei wenigen Straßenbahnfahrzeugen war das Glas in den Fenstern erhalten geblieben

licher Währung in der Viersektorenstadt nicht einigen konnten, brachten Währungsreformen jeweils neue Währungen in beide Stadtteile. Eine vom Sowjetführer Stalin angeordnete „Berlin-Blockade“, die vom 24. Juni 1948 bis 12. Mai 1949 bestand, wirkte sich auch auf den Nahverkehr aus. Noch im selben Jahr nahmen zwei Stadtverwaltungen ihre Arbeit auf.

Der Kalte Krieg zeigte so erste Auswirkungen und die Teilung der Stadt war damit vorprogrammiert.

Der stark zerstörte Bahnhof Alexanderplatz, Blickrichtung Friedrichstraße, im Frühjahr 1945. Bevor hier wieder S-Bahnen fahren konnten, sollten noch mehrere Wochen vergehen

Don't pass on the left !
Ne pas doubler à gauche !
Не обгонять слева !
Nicht links überholen !
477

Geteilte Stadt – geteilte Verkehrsmittel

Die Voraussetzungen zur Aufnahme des Straßenbahn- und U-Bahn-Verkehrs waren im Mai 1945 denkbar schlecht. Die Straßenbahnbetriebshöfe Schöneberg, Kreuzberg, Spandau und Treptow waren fast völlig vernichtet. 80 Prozent der Straßenbahnhauptwerkstatt Seestraße lagen ebenfalls in Schutt und Asche. Nur rund 24 Prozent der etwa 2.330 Straßenbahnfahrzeuge waren einsatzfähig.

Per 16. April 1945 registrierte man 248 Schäden an den U-Bahn-Anlagen. Bis zum 8. Mai 1945 kamen weitere 189 Schadensstellen hinzu, die durch Kampfhandlungen entstanden waren. Zahlreiche Tunnelabschnitte standen durch Sprengungen unter Wasser. Zudem konnten 496 der 992 U-Bahn-Wagen wegen kriegsbedingter Schäden nicht mehr eingesetzt werden. Davon waren 148 Wagen völlig zerstört.

Links: Die Stadt Berlin steht unter dem Viermächtestatus. Eindrucksvoll wurde diese nüchterne Tatsache im Ergebnis des Zweiten Weltkriegs auch an den Straßenbahnen sichtbar

Rechts: Ein Straßenbahnzug der Linie 6 im Sommer 1945 auf der Fahrt zum Schlesischen Tor. Die Zielangabe wurde auch in kyrillischer Schrift ausgewiesen

Am 20. Mai 1945 konnte ein bescheidener Straßenbahnbetrieb wieder aufgenommen werden und zwar im Raum Tegel/Heiligensee und Treptow/Schöneweide. Vom 14. Mai 1945 an wurde auf den Abschnitten Hermannplatz – Bergstraße und Schönleinstraße – Boddinstraße ein U-Bahn-Pendelbetrieb aufgenommen. Erstmals nach dem Ende des Zweiten Weltkriegs beförderte die BVG am 20. September 1945 mehr als eine Million Fahrgäste. Die Straßenbahnlinienlänge betrug 312 Kilometer, Ende Mai 1945 waren es nur 49 Kilometer. Ende 1945 fuhren 50 Straßenbahnlinien, auf denen 818 Fahrzeuge verkehrten und standen 16 Betriebshöfe zur Verfügung. Ebenso rollten zu dieser Zeit auf 72 Kilometern Strecke des damals 80 Kilometer langen U-Bahn-Netzes wieder Züge. Pendelverkehre und eingleisige Streckenabschnitte ermöglichten bei der U-Bahn und der Straßenbahn allerdings nur einen sehr unregelmäßigen Betrieb. Mit Inbetriebnahme des Abschnitts Hallesches Tor – Gleisdreieck am 27. April

Ein Straßenbahnzug der Linie 95 im Jahre 1948 in Köpenick. Typisch waren in jener Zeit die durch Pappe oder Holz geschlossenen Fenster, da es an Glas mangelte

Auch das gehörte zum zerstörten Nachkriegs-Berlin: Entgleisung eines Straßenbahn-Triebwagens. Das Ereignis sorgte für zahlreiche schaulustige Passanten

Ein Zug der Linie 40 um 1948 in Lichterfelde-West. Hinter der dunklen Lackierung des Triebwagens verbirgt sich ein Tarnanstrich

Bis Ende der 1940er-Jahre wurde die Straßenbahn in einigen Bereichen auch zur Trümmerbahn. Hier steht ein solcher „Güterzug" auf dem provisorisch verlegten Gleis und unter einer Behelfs-Fahrleitung auf dem Gelände des heutigen „Insulaner"

Mangels anderer Möglichkeiten zieht ein Schlepper einen Maximum-Wagen mit Tarnanstrich auf das Gleis

unten: Der Lindentunnel wurde nicht mehr befahren, im Bereich der nördlichen Rampe aber zum Wenden von Trambahnen genutzt (5. Juli 1952)

rechte Seite: Auf kriegszerstörten Fahrgestellen baute Gaubschat für die BVG-West 1951 sechs Triebwagen wieder auf (Typ TF 50). Hier ein solcher Wagen mit einem von Orenstein & Koppel gefertigten Beiwagen (Typ B 50) am Bahnhof Neukölln. Wirtschaftlicher Aufschwung und Kriegswunden sind unübersehbar

1947 befuhr die BVG wieder sämtliche U-Bahn-Strecken. Noch nicht beseitigt waren bis dahin die Schäden auf den Bahnhöfen Möckernbrücke, Kaiserhof (heute Mohrenstraße) und Hausvogteiplatz. Diese Stationen wurden ohne Halt durchfahren.

Durch die Einführung unterschiedlicher Währungen in beiden Teilen der Stadt mussten ab 12. März 1949 in den durchgehend verkehrenden Straßenbahnen an der Sektorengrenze die Schaffner wechseln, da in allen von den Sowjets besetzten Gebieten der Besitz der Westmark untersagt war. Außerdem stieß die Zusammenarbeit der BVG mit zwei Stadtverwaltungen und das Wirtschaften mit zwei Geldwährungen zunehmend auf Probleme. In erster Linie deshalb begannen im April 1949 Gespräche über die Trennung beider Betriebe, die zum 1. August 1949 als offiziell vollzogen galt. Protokolle enthielten Details über die Verwaltungsteilung, so auch zur Straßenbahn den Hinweis: „Für den Betriebseinsatz stehen der BVG-Ost diejenigen Fahrzeuge zur Verfügung, die auf den ... Betriebshöfen des Ostsektors beheimatet sind." Dort sollen für den Betrieb von 22 Straßenbahnlinien zu dieser Zeit noch 451 Trieb- und 367 Beiwagen vorhanden gewesen sein. Beide Seiten einigten sich darauf, den durchgehenden Straßenbahnbetrieb aufrechtzuerhalten.

Aufs Abstellgleis: die Straßenbahn in West-Berlin

Nach der Spaltung der BVG betrieb die BVG-West noch 36 Straßenbahnlinien. Über die Anzahl der im Westteil der Stadt vorhandenen Fahrzeuge gibt es widersprüchliche Angaben. Neueren Erkenntnissen zufolge zählten im August 1949 zum Bestand der BVG-West 758 Triebwagen und 602 Beiwagen.

Am 15. Januar 1953 wurde der durchgehende Straßenbahnverkehr auf den13 zwischen Ost- und West-Berlin verkehrenden Linien aufgegeben, weil die BVG-Ost Fahrerinnen einsetzte, obwohl dies gegen die in West-Berlin gültigen Bestimmungen der zuständigen Aufsichtsbehörde verstieß. Die Straßenbahnen endeten nun an der Sektorengrenze mithilfe innerhalb kürzester Zeit auf beiden Seiten eingebauten Gleiswechseln und Fahrgäste mussten nach einem meist nur kurzen Fußweg in die jeweils andere Bahn umsteigen. Bereits zweieinhalb Jahre zuvor waren die beiden über die Berliner Stadtgrenze in die DDR führenden Strecken nach Schönefeld und nach Kleinmachnow Schleuse über Teltow und Stahnsdorf, die ausschließlich die BVG-West betrieben hatte, unterbrochen worden. Während der Schönefelder Ast auf DDR-Gebiet gänzlich stillgelegt wurde, übernahm einige Zeit später die BVG-Ost den Verkehr zwischen Teltow-Seehof und Kleinmachnow Schleuse als einen vom übrigen Netz getrennten Teilbetrieb, der bis Oktober 1961 bestand.

Anfänglich schien die „West-Berliner Straßenbahn-Welt“ noch in Ordnung zu sein. Vom 1. Oktober 1952 an verkehrten zwei neue Einrichtungs-Straßenbahnzüge in Großraumbauweise auf der Linie 75 Bahnhof Zoo – Spandau (Hakenfelde). Im Februar 1953 beantragte der West-Berliner Senat einen Kredit in Höhe von zwei Millionen DM, um damit 40 Großraum-Straßenbahnzüge und 20 Autobusse zu bestellen. Zwischenzeitlich teilte die BVG-West der Öffentlichkeit jedoch mit, dass sich die beiden Großraumzüge nicht sonderlich be-

Die Straßenbahnstrecke auf dem Kurfürstendamm im Jahre 1954 kurz vor der Stilllegung. Ein Zug der Linie 76 rollt in Richtung Grunewald. Rechts von der Straße der Eingang zum U-Bahnhof Uhlandstraße (Kurfürstendamm)

Auf der Badstraße in Wedding fuhr 1954 noch die Linie 28. Auch sie wurde 1958 durch Autobusse ersetzt

Straßenbahnverkehr in Tegel, Berliner Straße, im Jahre 1954. Hier fuhren 1958 die letzten Bahnen

Bereits ein Rumpfbetrieb war die Straßenbahn der BVG-West im Jahre 1961. Ein Zug der Linie 55 zur Fahrt nach Spandau. Im Hintergrund der neue, vom Architekten Eiermann entworfene Turm der Gedächniskirche

währen würden und künftig der Ausbau des U-Bahn- und Autobusnetzes Vorrang hätte. Dass damit ein, wenn auch sehr langfristig angelegtes Todesurteil für die Straßenbahn gefällt war, haben damals die meisten Berliner vermutlich gar nicht zur Kenntnis genommen.

Bereits zum 1. Juli 1954 begann die Stilllegung der Straßenbahn mit den auf dem Kurfürstendamm verkehrenden Linien. Bis 1957 verschwanden sämtliche Straßenbahnstrecken im Bereich Grunewald zugunsten neu eingerichteter Autobuslinien. In den folgenden Jahren wurde die Stillegung der Straßenbahn systematisch vorangetrieben. Dies geschah unter anderem 1958 in den Bereichen Gesundbrunnen, Tegel, Heiligensee und Wittenau. 1960 folgten die von den S-Bahnhöfen Wollankstraße und Wilhelmsruh ausgehenden Linien, 1961 Verbindungen in den Bezirken Neukölln, Schöneberg und Tempelhof.

Das jetzt noch vorhandene Straßenbahnnetz hätte bei einer entsprechenden Modernisierung durchaus Zukunftschancen gehabt. Doch die Bevölkerung reagierte auf das Verschwinden der Straßenbahn aus ganzen Stadtbezirken kaum kritisch. Die Perspektive sah man in der „autogerechten Millionenstadt"; Umweltprobleme standen damals fast nicht zu Debatte. Und die Medien taten ein Übriges, um die Bevölkerung von der Rückständigkeit der „klappernden Stromkutschen" zu überzeugen.

Nachdem 1963 die BVG gleich sechs Straßenbahnstrecken mit fast 40 Kilometern Länge aufgegeben hatte, gab es für das Rumpfnetz keine Zukunft mehr. Jetzt rollten nur noch neun Linien auf einem 80 Kilometer langen Streckennetz. Die BVG ließ es sich trotzdem nicht nehmen, am 22. Juni 1965 das einhundertjährige Jubiläum der Berliner Straßenbahn im Betriebshof Charlottenburg zu feiern. Zum Rahmenprogramm gehörten ein Umzug mit historischen Fahrzeugen und eine Festveranstaltung in der Deutschlandhalle. Gut zwei Jahre später, am 2. Oktober 1967, fuhren die letzten Straßenbahnen in West-Berlin auf der Linie 55 zwischen Hakenfelde und Richard-Wagner-Platz. – „Ein denkwürdiger Tag" wie die BVG in Pressemitteilungen selbst titelte.

Innerhalb von 13 Jahren gelang es in West-Berlin, das 267,1 Kilometer lange Streckennetz der Straßenbahn der „modernen Zeit" zu opfern. In einigen Fällen war es tatsächlich gelungen, durch die U-Bahn attraktiven Ersatz zu schaffen. Aber vielfach wurden die Strecken lediglich auf Omnibusbetrieb umgestellt. Da keine neuen Straßenbahnfahrzeuge mehr beschafft wurden, bedeuteten die zeitgemäß ausgestatteten Autobusse für viele Fahrgäste eine Veränderung zum Besseren. Was blieb, waren nicht nur Erinnerungen der Straßenbahner und Fahrgäste, sondern auch eine respektable Fahrzeugflotte mit unterschiedlichen Trieb- und Beiwagen als museale Exponate.

Noch immer wird darüber spekuliert, welche Gründe tatsächlich dazu geführt haben, im Vergleich zu bundesdeutschen Großstädten so frühzeitig entschieden zu haben, die Straßenbahn in West-Berlin systematisch abzuschaffen. War es der Drang der Politiker, dem Beispiel anderer Weltstädte wie Paris, London oder New York zu folgen und dem motorisierten Straßenverkehr mehr Raum zu bieten, weil dies als zeitgemäßer galt? Oder waren es – wie gelegentlich von Kennern der West-Berliner Senatsgeschichte behauptet wird – parteipolitische Interessen oder gar Verpflichtungen finanzieller Art gegenüber einigen Omnibusherstellern? Sind es vielleicht beide Mutmaßungen, die zu dieser Entscheidung geführt haben? Oder ganz andere?

Immerhin räumten anerkannte Verkehrswissenschaftler und- planer in den 1980er-Jahren meist hinter vorgehaltener Hand ein, dass es wohl die größte verkehrspolitische Fehlentscheidung in der West-Berliner Verkehrspolitik war, die Straßenbahn restlos aufzugeben!

Abschied von der Straßenbahn in West-Berlin am 2. Oktober 1967 auf dem Spandauer Damm nahe dem Schloss Charlottenburg

Fahrschalter des Triebwagens 3344 während des Einsatzes als Museumsfahrzeug von 1978 bis 1991 auf der stillgelegten Hochbahntrasse zwischen den Bahnhöfen Nollendorfplatz und Bülowstraße

Savignyplatz
7000
8 mal 4
gibt 24 Stunden Frisch

Inzwischen befindet sich der erhalten gebliebene West-Berliner Großraumzug aus dem Jahre 1952 im stillgelegten Betriebshof Niederschönhausen. Am 11. September 1993 wurden die Fahrzeuge 7000 (Triebwagen) und 2000 (Beiwagen) präsentiert

Die West-Berliner U-Bahn expandiert

Nach Spaltung der BVG betrieb die BVG-West noch vier U-Bahn-Linien. 1953, etwa zeitgleich mit dem Beschluss, sich langfristig von der Straßenbahn zu verabschieden, erarbeiteten die West-Berliner Senatsstellen einen so genannten 200-Kilometer-Plan, in dem die Vorstellungen zum U-Bahn-Ausbau in Berlin festgeschrieben wurden. An diesen Arbeiten beteiligten sich sogar noch Verwaltungsstellen aus Ostberlin, sodass dabei die Sektorengrenzen unberücksichtigt blieben. Grundlage für die Planungen bildeten die bereits 1929 unterbreiteten Vorschläge.

Am 26. Oktober 1953 konnte mit einem „feierlichen Rammschlag" in der Müllerstraße (Bezirk Wedding) der weitere U-Bahn-Ausbau eingeleitet werden. Er fand an jenem Rohbautunnelstück statt, an dem man von 1938 bis Anfang der 1940er-Jahre gearbeitet hatte. Knapp drei Jahre später, am 3. Mai 1956, konnte die erste Neubaustrecke in West-Berlin für den Fahrgastverkehr eröffnet werden. Bis Ende der 1980er-Jahre kamen 52,4 Kilometer und ausschließlich im Großprofil errichtete Strecken hinzu. Damit wuchs das in West-Berlin befindliche U-Bahn-Netz auf eine Streckenlänge von 100,3 Kilometer an. Ein derart umfangreicher Netzzuwachs war freilich nur durch die großzügige Berlin-Förderung der Bundesrepublik Deutschland möglich.

Zum 1. März 1966 ersetzte die BVG die bereits vor dem Ersten Weltkrieg eingeführten Buchstaben zur Kennzeichnung der U-Bahn-Linien durch Zahlen. Proportional zum Ausbau des Netzes wuchs das Verkehrsaufkommen: Beförderte die BVG-West in ihren U-Bahnen 1950 insgesamt 129,4 Mio. Personen, waren es 1960 bereits 141,3 Mio., und 1985 stolze 350,3 Mio. Fahrgäste.

Ein eindrucksvolleres Bilddokument von den Ereignissen nach dem 13. August 1961 gibt es wohl vom U-Bahn-Bereich kaum. An der Oberbaumbrücke wurden bereits die Gleise in Blickrichtung Warschauer Brücke abgebaut. Erst 34 Jahre später sollte hier wieder eine U-Bahn fahren – im wiedervereinigten Berlin. Im Hintergrund steht ein Straßenbahn-Zug. Heute endet an dieser Stelle die BVG-Straßenbahn-Linie 20

Allerdings gab es im West-Berliner U-Bahn-Netz auch Reduzierungen, die aber vornehmlich im Zusammenhang mit der Schließung der Grenze zwischen beiden Teilen der Stadt am 13. August 1961 im Zusammenhang standen. Die bis dahin noch durchgehend betriebene U-Bahn-Linie Pankow – Richard-Wagner-Platz – Ruhleben/Krumme Lanke wurde zwischen Gleisdreieck und Thälmannplatz unterbrochen. Gleichzeitig musste der Abschnitt Warschauer Brücke – Schlesisches Tor stillgelegt werden. Die Züge passierten im Transit die Nord-Süd-U-Bahn-Strecke ohne Halt mit Ausnahme des Grenzbahnhofs Friedrichstraße zwischen Kochstraße und Reinickendorfer Straße.

Gleiches traf für die Strecke Leinestraße – Gesundbrunnen zu. Hier rollten die U-Bahnen zwischen Pankstraße und Bernauer Straße ohne Halt unter Ostberliner Gebiet hindurch.

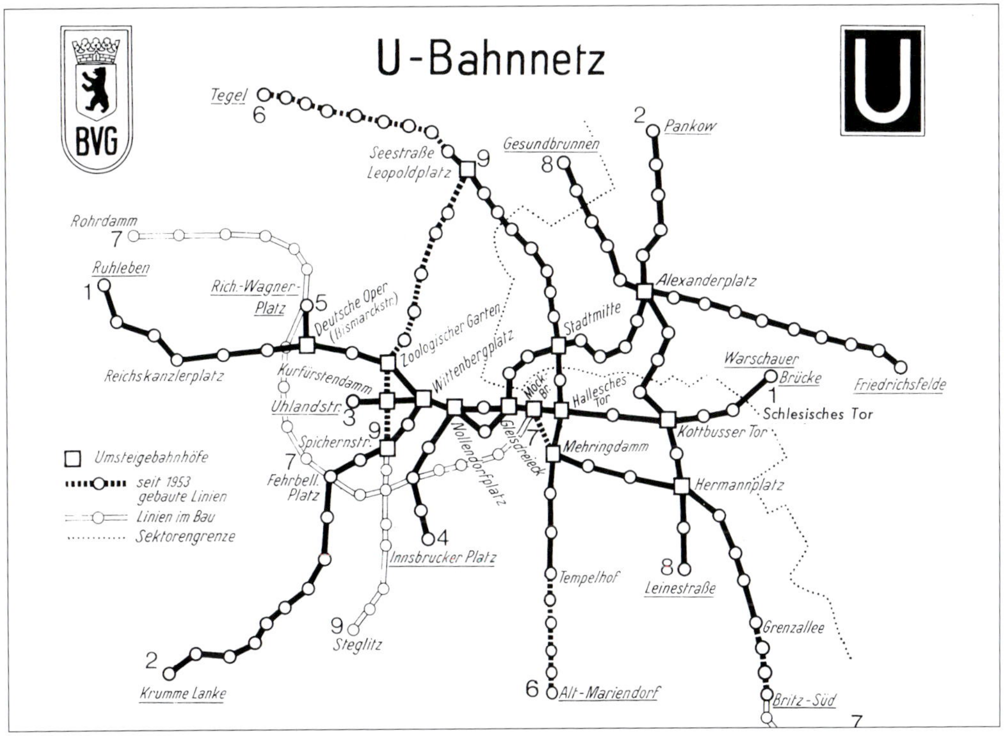

Die Strecken der Berliner U-Bahn nach Einführung von Linien-Zahlen bei BVG-West im Jahre 1966

Warten auf den nächsten Einsatz am 18. Oktober 1961: Noch setzt die BVG-West auf dem Großprofilnetz Neubau- und Altbauzüge ein

In West-Berlin von 1956 bis 1987 eröffnete U-Bahnstrecken (ausschließlich Großprofil-Linien)

Inbetriebnahme	Strecke
03.05.1956	Seestraße – Kurt-Schumacher-Platz
31.05.1958	Kurt-Schumacher-Platz – Tegel
28.08.1961	Leopoldplatz – Spichernstraße
28.09.1963	Grenzallee – Britz Süd
28.02.1966	Tempelhof – Alt Mariendorf
28.02.1966	Mehringdamm – Möckernbrücke
02.01.1970	Britz-Süd – Zwickauer Damm
29.01.1971	Spichernstraße – Walther-Schreiber-Platz
01.07.1972	Zwickauer Damm – Rudow
30.09.1974	Walther-Schreiber-Platz – Rathaus Steglitz
30.06.1976	Leopoldplatz – Osloer Straße
05.10.1977	Gesundbrunnen – Osloer Straße
28.04.1978	Fehrbelliner Platz – Richard-Wagner-Platz
01.10.1980	Richard-Wagner-Platz – Rohrdamm
01.10.1984	Rohrdamm – Rathaus Spandau
27.04.1987	Osloer Straße – Paracelsus-Bad

Lange Zeit war die kürzeste U-Bahn-Strecke Berlins die U 3 (Kleinprofil). Sie pendelte zwischen Uhlandstraße und Wittenberglatz. Dies war auch im Jahre 1965 der Fall, als die Verbindung noch die Linienbezeichnung B I trug. Heute wird verkehrt vom U-Bahnhof Uhlandstraße aus die U 15 zur Warschauer Brücke

Noch 1969 gehörten Kleinprofilwagen des Typs A II zum Bestand der U-Bahn-Werkstatt Krumme Lanke. Im Zusammenhang mit dem Umbau einiger Fahrzeuge auf Einmann-Betrieb von 1962 bis 1964 konnte die BVG-West größere Stirnfenster einbauen. Die letzten dieser in den Jahren 1928/29 gebauten und nunmehr als Typ A II U bezeichneten Fahrzeuge musterte die BVG 1972 aus, veräußerte jedoch noch im selben Jahr einige Wagen an die BVB, da auf der Ostberliner U-Bahn-Linie A Fahrzeugmangel bestand. Dort wurden die letzten A II-Wagen erst kurz vor Wende, Anfang November 1989, entbehrlich

Für den Neubauabschnitt der U-Bahn-Strecke zwischen Tierpark und Hönow der BVB liefen in Friedrichsfelde die Arbeiten am 11. September 1986 auf Hochtouren

An der U-Bahn-Strecke nach Hönow wurde am 1. Juli 1989 der kombinierte U- und S-Bahnhof Wuhletal in Betrieb genommen. Es ist die erste Bahnanlage dieser Art in Berlin

Am 19. Januar 1989 waren einige Altbaufahrzeuge auf der Kleinprofil-Linie A der BVB noch in Betrieb. Allerdings sollte schon neun Monate später ihr Planeinsatz enden

Am 4. Mai 1989 war auf der U 1 der Museumszug, bestehend aus Fahrzeugen des Typs A 1, in Richtung Gleisdreieck unterwegs. An der Spitze Triebwagen Nummer 7. Links die Emmauskirche, rechts daneben die U-Bahn-Station Görlitzer Bahnhof

Ein U-Bahn-Zug des Typs D im U-Bahnhof Seestraße am 27. Juli 1988 während der Überführungsfahrt nach Ostberlin zum Einsatz auf der Linie E, für deren Erweiterungsstrecke Richtung Hellersdorf dringend zusätzliche Fahrzeuge benötigt werden

Da sich die U-Bahn-Hauptwerkstätten im Westteil der Stadt befanden, übernahm das Reichsbahnausbesserungswerk Schöneweide die Hauptuntersuchungen der in Ostberlin vorhandenen U-Fahrzeuge des Groß- und Kleinprofils.
Am 24. Mai 1990 befand sich der Kleinprofil-Triebwagen 135 828 des Typs G I in der Werkhalle

Kleinprofil-Zug mit Triebwagen 734 des Typs AIII L auf der Fahrt aus Richtung Dahlem Dorf nahe der Station Thielplatz am 25. September 1983

Infolge paralleler Führungen und wegen des geringen Verkehrsaufkommens stellte die BVG den öffentlichen Verkehr am 2. Mai 1970 zwischen Deutscher Oper und Richard-Wagner-Platz und zum 1. Januar 1972 zwischen Wittenbergplatz und Gleisdreieck über Bülowstraße ein. In beiden Fällen handelte sich um Kleinprofil-Streckenabschnitte.

In den Jahren 1957/58 begann bei der BVG-West der Einsatz fabrikneuer Großprofilwagen, die ständig weiterentwickelt wurden und bis 1975 die noch genutzten, letzten Vorkriegsfahrzeuge des Typs C ersetzten. Ähnlich verlief die Entwicklung auf dem Kleinprofil-Netz. Hier rollte der letzte Altbauzug des Typs AII Ende 1972 im Plandienst.

Die Straßenbahn unter Obhut der BVG (Ost) bzw. BVB

Die Trennung der BVG in zwei Betriebe brachten der BVG-Ost anfänglich erhebliche Probleme bei der Instandhaltung der Straßenbahnfahrzeuge, da sich die Hauptwerkstatt Müllerstraße im Westteil der Stadt befand. Einige Reparaturen übernahmen kleinere Ostberliner Privatbetriebe, größere Arbeiten die Firmen des volkseigenen Lokomotiv- und Waggonbaus (LOWA) in Bautzen, Niesky, Werdau, Hennigsdorf und Berlin-Johannistal.
Bevor die Hauptuntersuchungen auf Kosten der BVG-Ost ab 1954 vom Reichsbahnausbesserungswerk (Raw) Berlin-Schöneweide übernommen wurden, nutzte die BVG-Ost einige Zeit eine Maschinenhalle der AEG un-

Maximum-Triebwagen 5407 auf der Linie 74 im Mai 1954 während der Fahrt über den Alexanderplatz in Richtung Weißensee. Im Hintergrund ein LOWA-Obus mit Anhänger

weit des Kraftwerks Klingenberg für größeren Reparaturen an ihren Straßenbahnfahrzeugen.

Zwischen 1951 und 1955 erneuerte man – ebenso wie in Westberlin von 1948 bis 1954 – die gesamten Fahrleitungsanlagen und ersetzte die für Berlin traditionellen Stangenstromabnehmer durch Scherenstromabnehmer. Bereits 1950 erhielt Ostberlin fabrikneue Beiwagen des Typs LOWA aus Werdau. Ihnen folgten zwei Jahre später je ein 2,50 Meter breiter und vierachsiger Neubautrieb- und Neubaubeiwagen. Beide Fahrzeuge bewährten sich jedoch nicht, sodass bei weiteren Lieferungen wieder Zweiachser mit der für Berlin üblichen Wagenbreite von 2,30 Metern bevorzugt wurden. 1958 stand ein vierachsiger Prototyp-Großraumzug, entwickelt und gefertigt im VEB Waggonbau Gotha, zur Verfügung. Zwischen 1961 und 1964 folgten fabrikneue Großraum-Serienfahrzeuge.

Einmaliges „Reko-Programm"

Die noch 1959 in Dienst gestellten 10 zweiachsigen Gotha-Trieb- und 20 Beiwagen brachten für den insgesamt überalterten Fahrzeugpark der BVG-Ost nur punktuelle Verbesserungen. Da die Schienenfahrzeugindustrie vor allem wegen umfangreicher Exportverpflichtungen auch längerfristig nicht in der Lage war, den immensen Bedarf der BVG-Ost an rund 300 Trieb- und etwa 400 Beiwagen durch Neubaufahrzeuge zu decken, entschieden sich die Verantwortlichen für ein gewaltiges Rekonstruktionsprogramm. Im Raw Berlin-Schöneweide wurden neue Wagenkästen hergestellt und auf die Fahrgestelle der alten Fahrzeuge unterschiedlicher Bauart montiert.
Die Triebwagen erhielten überwiegend im VEB Lokomotivbau Elektrotechnische Werke „Hans Beimler" Hennigsdorf gefertigte elektrische Ausrüstungen. Das Rekonstruktionsprogramm begann 1959 und endete 1970. Es umfasste 272 Einrichtungstrieb- und 342 Einrichtungsbeiwagen. Zuletzt entstanden 25 Zweichrichtungs- und 50 Zweirichtungsbeiwagen, da an drei Endstellen vorläufig keine Gleisschleifen eingebaut werden konnten. Die letzte Kuppelendstelle verschwand übrigens erst 1980 zugunsten einer Gleisschleife.

Die BVG-Ost hatte besonders im Bereich Straßenbahn von Anfang an mit akutem Personalmangel zu kämpfen. Um mit weniger Schaffnern auszukommen, wurde der gesamte Straßenbahn-Linienverkehr vom 13. März 1957 bis zum 12. Dezember 1967 auf schaffnerlosen Betrieb umgestellt.

Autobusse statt Straßenbahnen auch im Osten

Bekanntlich wurde in Westberlin 1954 damit begonnen, den Straßenbetrieb zielge-

Reger Straßenbahnverkehr der BVG-Ost in Höhe der Wisbyer Straße (Stadtbezirk Prenzlauer Berg) um 1960

Ein Zug als Linie 70 E der BVG-Ost im April des Jahres1957 an der Chaussee-/Invalidenstraße. Der Maximum-Triebwagen wurde 1913 in Breslau gebaut; die elektrische Ausrüstung lieferte AEG

richtet aufzugeben. In der Hauptstadt der DDR, in Ostberlin, war man längere Zeit fest entschlossen, sich zumindest in der Innenstadt von der Straßenbahn zu trennen. Das Ziel dieser Bestrebungen war auch hier, moderne und „autogerechte Zonen“ mit Autobusverkehr zu schaffen. Nach der Einstellung einiger Streckenabschnitte ab 1951 wurde im Rahmen der Neugestaltung des Alexanderplatzes hier der Straßenbahnverkehr zum 2. Januar 1967 völlig eingestellt. Die DDR wollte in den 1960er-Jahren mithilfe einer von Kybernetik, Operationsforschung und ökonomischen Systemen geprägten Wirtschaftspolitik „den Westen überholen ohne einzuholen“. Doch zeigte sich innerhalb weniger Jahre, dass die systembedingten und vergleichsweise gering ausfallenden Wirtschaftspotenzen nicht ausreichten, um dieses Ziel zu erreichen.

Dennoch wurde auch nach Bildung des VEB Kombinat Berliner Verkehrsbetriebe (BVB) zum 1. Januar 1969 der nunmehrige „Kombinatsbetrieb Straßenbahn“ weiter reduziert. Am 15. Januar 1970 rollte die letzte Straßenbahn durch die anschließend zur „sozialistischen Magistrale“ umgestalteten Leipziger Straße. Mit Ausnahme der Bereiche Hackescher Markt/Oranienburger Straße/Invalidenstraße/Friedrichstraße/Am Kupfergraben gehörte die Straßenbahn in der Ostberliner Innenstadt der Vergangenheit an. Offiziell hieß es jetzt, dass die Umgestaltung des Straßenbahnnetzes vorläufig abgeschlossen sei. Aber auch in den Folgejahren ersetzten neue Buslinien die Straßenbahn,

1969 wurde in Köpenick der restaurierte Straßenbahn-Oldtimer Ostberlins in Betrieb genommen. Mit Unterstützung des Märkischen Museums, der BVB, einiger Stadtbezirke und dem Magistrat von Ostberlin gelang es den im Deutschen Modelleisen-Verband der DDR organisierten Straßenbahnfreunden, zahlreiche weitere Straßenbahnfahrzeuge weitgehend in den Ursprungszustand zu versetzen. Die Wagen rollten zu besonderen Anlässen durch Berlin. Im November 1986 standen in Schmöckwitz (Bild oben) die Triebwagen 3493 (Niesky/1927) und 2990 (Baujahr 1910, ex BVG-Ost 5279), der bis 1981 in diesen Zustand versetzt werden konnte

Auf der Fahrt zwischen Grünau und Schmöckwitz ist der Triebwagen 3493 mit dem 1950 für die BVG-Ost gebauten LOWA-Beiwagen 1707, der nach einem mehrjährigen Einsatz in Dessau bis 1979 restauriert wurde

so 1973 im Bereich Treptow/Baumschulenweg und 1975 im Lichtenberger Ortsteil Alt-Friedrichsfelde.

Ob bis Anfang der 1970er-Jahre tatsächlich hinter verschlossenen Türen, vielleicht sogar ohne Wissen der BVB-Leitung, die gänzliche Abschaffung der Straßenbahn diskutiert wurde, ließ sich aus bisher zugänglichen Archivialien unterschiedlichster Herkunft nicht ermitteln. Aber allein das umfangreiche Fahrzeug-Reko-Programm deutet auf eine mögliche „Komplettabschaffung" der Straßenbahn hin, denn von vornherein stand fest, dass auch die auf diese Weise „verjüngten Wagen" eine wesentlich kürzere Zeit einsatzfähig sein würden als Neubauten.

Insgesamt blieb aber die vielleicht gänzlich gewollte Einstellung der Straßenbahn in Ostberlin in Ansätzen stecken. Beispielsweise wurde in den Stadtbezirken Weißensee, Pankow und Köpenick nicht eine einzige Straßenbahnstrecke aufgegeben.

Keine Satellitenstädte ohne Straßenbahn

Auf dem VIII. SED-Parteitag im April 1971 wurde unter anderem die „Lösung der Woh-

Beim Bau der Straßenbahnstrecken nach Marzahn half im März 1979 die DR mit Fahrzeugen und Gleisbaugeräten. Während die Kleinlok 100 208 auf die zuvor verlegten Straßenbahngleise Schotter in Selbstentladewagen brachte (Bild rechts), half der Gleisjochverlegekran bei der Gleismontage in der Leninallee (heute wieder Landsberger Allee)

nungsfrage als soziales Problem bis 1990" beschlossen. Dabei nahm Ostberlin als Hauptstadt der DDR einen hervorragenden Stellenwert ein. Zum damaligen Zeitpunkt war die Zahl der mit ihren Wohnverhältnissen unzufriedenen Menschen rapide angestiegen. In überschaubaren Zeiträumen sollten deshalb Plattenbausiedlungen in Dimensionen eigener Großstädte für mehrere einhunderttausend Einwohner auf der „grünen Wiese" errichtet werden. Schon bald entstanden die Pläne für den Bau des Stadtteils Marzahn und danach die eines Wohngebiets in Hohenschönhausen. Zur verkehrstechnischen Erschließung berücksichtigten die Verkehrsexperten S-Bahn-Anschlüsse, die aber nicht ausreichen würden.

Als Alternative galt der Ausbau des Straßenbahnnetzes. Er erforderte jedoch den Einsatz neuer Straßenbahnfahrzeuge. Im „Rat für Gegenseitige Wirtschaftshilfe" (RGW) der sozialistischen Staaten war bereits Mitte der 1960er-Jahre verabredet worden, dass sich die Tschechoslowakische Republik auf den Bau von Straßenbahnen unter anderem für die DDR konzentrieren sollte. Für mehrere DDR-Betriebe wurde deshalb der TATRA-KT4D-Kurzgelenkwagen entwickelt. Die ersten beiden Prototypen wurden 1973 in Prag gebaut, dort auch getestet und 1974 nach Potsdam zur Erprobung geschickt. Im Jahre 1976 erhielten die BVB drei Wagen der Nullserie, die am 12. April 1976 ihre Probefahrten in Berlin aufnahmen und vom 11. September 1976 an im Fahrgastverkehr eingesetzt wurden. In der Folgezeit erhielt Berlin Jahr für Jahr KT4D-Fahrzeuge, bis 1988 insgesamt 583 Wagen. Der Rekowagen-Bestand konnte damit zwar reduziert, aber nicht gänzlich ausgemustert werden, weil es an Kapazitäten fehlte, um die für den TATRA-Betrieb erforderlichen neuen und leistungsfähigeren Unterwerke insbesondere für den Raum Köpenick und Pankow herzustellen. Zahlreiche Fahrzeuge konnten daher in Berlin nicht genutzt werden. Deshalb verfügte die zuständige Hauptverwaltung im Ministerium für Verkehrswesen der DDR im Frühjahr 1989 die Umsetzung von 45 KT4D-Zügen nach Potsdam. Bereits ab 1988 erhielten die BVB erste Exemplare des in Prag neu entwickelten Großraumwagens der Typen T6A2 (Triebwagen) und B6A2 (Beiwagen), von denen bis 1991 fast 220 Trieb- und 60 Beiwagen nach Berlin gelangten.

Erst ab 1980 konnten auf der Linie 84 nach dem Bau einer Schleife an der Endstelle Altglienicke Einrichtungsfahrzeuge verkehren. Hier ein Rekozug vor dem Rathaus Köpenick am 29. Oktober 1989 auf der Fahrt nach Altglienicke

Oben rechts: Auf dem Betriebshof Marzahn wurden am 29. Oktober 1989 zwei KT4D-Züge und der Maximum-Oldtimer 5274 fotogerecht aufgestellt

Zwei Tage nach Eröffnung der Straßenbahnstrecke zwischen Gehrenseestraße und Hohenschönhausen, Zingster Straße, entstand diese Aufnahme am 23. Dezember 1984. Das Neubaugebiet ist noch im Aufbau, befestigte Straßen und Wege fehlen, aber die Straßenbahn fährt bereits

Über Jahrzehnte bildeten die Rekofahrzeuge das Rückgrat des Straßenbetriebs im Stadtbezirk Pankow. Am 6. August 1989 warten einige dieser Züge im Betriebshof Niederschönhausen auf ihren nächsten Einsatz

Ein Rekozug der Linie 46 vor dem Pankower Rathaus auf der Fahrt nach Niederschönhausen am 21. Juni 1990

In neun Jahren 26,5 Kilometer Neubaustrecken

Inzwischen war das Straßenbahnnetz der BVB um eine Streckenlänge von 26,5 Kilometern gewachsen. Am 6. April 1979 fuhr die erste Straßenbahn nach Marzahn. In diesem schon bald zu einem eigenen Stadtbezirk erklärten „sozialistischen Neubaugebiet" entstand in den Folgejahren ein Netz mit mehreren Strecken und ein völlig neuer Betriebshof. Ab Dezember 1984 konnten die Berliner auch das noch im Entstehen begriffene Neubaugebiet Hohenschönhausen mit der Straßenbahn erreichen. Im August 1988 wurde im inzwischen geschaffenen Stadtbezirk Hohenschönhausen die letzte Straßenbahnstrecke vor der Wende und Wiedervereinigung Deutschlands und Berlins in Betrieb genommen.

Die gewaltige Expansion der Straßenbahn ab 1979 in Ostberlin war aus heutiger Sicht ein richtiger Schritt im Interesse einer vernünftigen Verkehrspolitik. Dabei darf jedoch nicht übersehen werden, dass diese Entwicklung vornehmlich den volkswirtschaftlichen Möglichkeiten der DDR-Wirtschaft geschuldet war. Stets fehlten Kapazitäten, um – wie im Westteil der Stadt praktiziert – das im Ostteil bescheidene U-Bahn-Netz auszubauen und Möglichkeiten, genügend Autobusse zu beschaffen. In den 1980er-Jahren kam hinzu, dass flüssige Brennstoffe zunehmend nur noch für konvertierbare Währungen erhältlich waren und deshalb ein großzügiger Ausbau des Autobusverkehrs nicht zur Debatte stand.

Die Ostberliner U-Bahn – bescheidene Ausmaße

Mit Inbetriebnahme des früheren U-Bahnhofs Kaiserhof, nunmehr Thälmannplatz, am 18. August 1950 waren auch auf Ostberliner Gebiet die während des Zweiten Weltkriegs entstandenen Schäden beseitigt. Die bis zum 13. August 1961 durchgängig zwischen beiden Stadtteilen betriebene Linie A (Pankow – Richtung Richard-Wagner-Platz) wurde sowohl mit Fahrzeugen der BVG-Ost und BVG-West bedient.

Am 20. April 1988 liefen die Arbeiten zur Fertigstellung des U-Bahnhofs Elsterwerdaer Platz auf Hochtouren

Anlässlich des 50-jährigen Bestehens der Berlin U-Bahn nahm die BVG-Ost am 8. Februar 1952 die erste neu gebaute, jedoch eingleisige U-Bahnstrecke nach dem Zweiten Weltkrieg in Betrieb. Dabei handelte es sich um den so genannten Klostertunnel, ein lediglich 112 Meter langes Verbindungsbauwerk, das in Erweiterung des bereits seit längerer Zeit bestehenden Waisentunnels, der zur Überführung von Großprofilzügen dient, errichtet wurde. Nun bestand die Möglichkeit, zwischen den Linien A und E (Alexanderplatz – Friedrichsfelde) Kleinprofilwagen in die Betriebswerkstatt Friedrichsfelde zu überführen. Dies war notwendig, weil sich auf Ostberliner Gebiet keine Betriebswerkstatt für Kleinprofilfahrzeuge befand. Das Gleis im Klostertunnel besaß einen stromlosen Abschnitt, denn hier mussten die Stromabnehmer beider Profilsysteme getauscht werden.

Nie verwirklichte Ausbaupläne

Im Zusammenhang mit einer auf beiden Seiten weitgehend unabhängigen „Hauptstadtplanung" waren auf Ostberliner Gebiet zahlreiche Streckerweiterungen vorgesehen, die aber – da man damals auch hier von einer künftigen gemeinsamen Hauptstadt ausging – nicht an den Sektorengrenzen enden sollten. Geplant waren unter anderem:

- eine neue Führung der Kleinprofilstrecke aus Richtung Pankow ab Rosa-Luxemburg-Platz bis Potsdamer Platz;
- vom Hochbahnhof Warschauer Brücke eine Strecke entlang der Danziger und Bernauer Straße zum Lehrter Bahnhof, den man als schon damals Zentralbahnhof herzurichten beabsichtigte;
- Verlängerungen der Linie E vom Endbahnhof Alexanderplatz über das Reichstagsgelände, Moabit bis zum S-Bahnhof Jungfernheide und vom Endbahnhof Friedrichsfelde über Karlshorst, Schöneweide nach Johannistal und
- die Linie F von Lichterfelde nach Weißensee mit dem Endpunkt Buchholz.

Mit dem sich ausdehnenden Kalten Krieg erwiesen sich insbesondere die sektorenübergeifenden Pläne als unrealistisch.

Weitere Projekte entwickelte der Ostberliner Magistrat von 1955 bis 1960. Dazu zählten:

- Pankow (Vinetastraße) – Breite Straße in Pankow (Kleinprofil-Streckenverlängerung der Linie A),
- Friedrichsfelde – Schöneweide (Großprofil-Streckenverlängerung der Linie E) und
- Weißensee (Heinrich-Roller-Straße) – Alexanderplatz – Französische Straße (Großprofil-Neubaustrecke Linie F).

Während für die Erweiterungsbauten der U-Bahn-Linien A und E bereits Ende 1950er-Jahre intensive Vermessungsarbeiten stattfanden und in der Presse Mitteilungen über den unmittelbar bevorstehenden Baubeginn erschienen, kam zunächst keines der Vorhaben zustande. Das traf erst recht zu für eine ebenfalls ausgearbeitete Maximalplanung, in der weitere Strecken vor allem in der Innenstadt mit großzügig auszubauenden Umsteigemöglichkeiten am Bahnhof Friedrichstraße, in der Französischen Straße und am Roten Rathaus berücksichtigt wurden.

Ein zusätzliches, sogar bis 1970 verfolgtes „Planungsspiel", das aus heutiger Sicht als unrealistisch gilt, beschäftigte sich mit der Anbindung der beiden unter Ostberliner Gebiet verlaufenden U-Bahn-Abschnitte Stadtmitte – Oranienburger Tor und Rosenthaler Platz – Heinrich-Heine-Straße in Gestalt eines Halbrings. Für die zu verbindende Neubaustrecke waren zwei Trassenvarianten ausgearbeitet worden. Dieses Vorhaben galt als „vertrauliche Verschlusssache" und blieb im 1968 vorgelegten „Generalverkehrsplan für die Hauptstadt der DDR" unerwähnt. Er enthielt aber wiederum einige Ausbaupläne für die U-Bahn, die sich auf Ostberlin beschränkten. Dazu gehörte wiederum die U-Bahn-Linie F Weißensee – Französische Straße, wobei von Weißensee aus eine Verlängerung an den Berliner Außenring in Malchow empfohlen wurde. Hinzu kamen die Streckeabschnitte Friedrichsfelde – Schöneweide und abermals Pankow (Vinetastraße) – Breite Straße in Pankow. Völlig neu aufgenommen wurde eine U-Bahn-Strecke vom Ostbahnhof über den Strausberger Platz und Leninallee (heute wieder Landsberger Allee) nach Hohenschönhausen mit einem Abzweig nach Springpfuhl, der eventuell bis Marzahn verlängert werden sollte. Und schließlich hielt man eine Tangentialverbindung Weißensee – Tierpark für zweckmäßig. Aber alle diese im Generalverkehrsplan von 1968 erwähnten Vorhaben gingen über die volkswirtschaftlichen Möglichkeiten der DDR hinaus und konnten nicht verwirklicht werden.

Probleme mit dem Fahrzeugpark

Empfindliche Einschnitte in den U-Bahn-Wagenpark musste die BVG bereits im Herbst 1945 hinnehmen: Auf Anordnung der sowjetischen Besatzungsmacht waren die 120 auf der Linie Alexanderplatz – Friedrichsfelde eingesetzten U-Bahnfahrzeuge der Typen C I, C II und C III im Rahmen der Reparationsleistungen vom 11. bis 16. September 1945 in Richtung Moskau abzutransportieren. Daraufhin setzte die BVG 41 Trieb- und 39 Beiwagen des Typs A I vom Kleinprofilnetz auf die Friedrichsfelder Strecke um. Zuvor waren diese Fahrzeuge für den Einsatz auf der Linie E vorbereitet worden. Neben dem Anbau der hierfür erforderlichen Stromabnehmer und Fahrsperren stattete man die Wagen mit seitlich angebauten Trittbrettern aus, die den notwendigen Profilausgleich zu den Bahnsteigkanten herstellten und als Blumenbretter bezeichnet wurden. Nach der Trennung der BVG-Verwaltungen verblieben alle 80 Fahrzeuge bei der BVG-Ost.

Da der „Blumenbretter-Fahrzeug-Einsatz" von Anfang an als Interimslösung galt, zudem die Wagen nicht ausreichten und bald ein Ausbau des U-Bahnnetzes geplant war, entwickelte die BVG-Ost von 1952 bis 1955 einen neuen U-Bahn-Wagen (Typ CI) für die Linie E. Der VEB Waggonbau Ammendorf fertigte je einen Baumuster-Trieb- und Beiwagen. Beide Fahrzeuge gelangten im August 1957 nach Friedrichsfelde. In der Folgezeit fanden zahlreiche Versuchsfahrten auch im Fahrgastverkehr statt. Dabei protokollierten die Techniker verschiedene Mängel, die bei einem eventuellen Serienbau hätten berücksichtigt werden müssen. Ende März 1960 stellte man beide Fahrzeuge ab, ohne einen Weiterbau vorzusehen, da bereits seit 1957 ein technisch ausgereiftes Fahrzeug als Typ EII entwickelt wurde, im Übrigen teilweise in „heimlicher Zusammenarbeit" mit BVG-West, um die gesammelten Erfahrungen mit den dort bereits eingesetzten Neubauwagen des Typs D auszunutzen. Die D-Fahrzeuge sollten ab 1965 in Serie gebaut werden.

Andere Wege nach dem Mauerbau

Eine völlig veränderte Situation ergab sich nach dem Mauerbau ab 13. August 1961. Auf der bis dahin durchgängig zwischen beiden Stadtteilen betriebenen U-Bahn-Linie A verblieben in der Nacht vom 12. zum 13. August 1961 insgesamt 79 Trieb- und 59 Beiwagen der untereinander nicht kuppelbaren Typen AI und AII. Sie reichten jedoch längerfristig nicht aus, um insbesondere den Bedarf während des Berufsverkehrs auf der einzigen verbliebenen Kleinprofilstrecke Ostberlins abzudecken.

Um dieses Problem zu lösen, zeichnete sich ein anderer Weg ab. Durch die Unterbrechung des S-Bahn-Netzes hatte sich der Bedarf an S-Bahn-Zügen insbesondere in West-Berlin verringert.

Frei gewordene Züge der Baureihe ET 168 (Bauart Oranienburg) waren nun nach einer Anweisung des Ministeriums für Verkehrswesen vom Frühjahr 1962 von der Deutschen Reichsbahn an die BVG zu verkaufen und nach noch zu entwickelnden Konstruktionsunterlagen in U-Bahnfahrzeuge des Typs EIII umzubauen. Bereits Anfang 1963 stand ein erster im Raw Berlin-Schöneweide gefertigter Probezug zur Verfügung. Bis 1965 gelangten 18 Einheiten des Typs EIII auf der Strecke Alexanderplatz – Friedrichsfelde zum Einsatz. Die dadurch frei gewordenen „Kleinprofil-Blumenbretter-Wagen" des Typs AI halfen jetzt, die erwähnten Fahrzeug-Engpässe auf der Linie A Thälmannplatz – Pankow (Vinetastraße) zu überwinden. In den Folgejahren fertigte das Raw Berlin-Schöneweide aus weiteren S-Bahn-

Viertelzügen Großprofil-U-Bahn-Einheiten, wobei es sich im Endeffekt stets um fast komplette Neubauten handelte. Als „Spender“ dienten S-Bahnfahrzeuge der Baureihe ET 165 (Bauart Stadtbahn, ab 1970 als Baureihe 275 bezeichnet), aber auch 14 Triebwagen der Baureihe ET 169 (Bauart Bernau). Dadurch gelang es bis 1968, endgültig auf den Einsatz von AI-Fahrzeugen auf der Großprofilstrecke zu verzichten.

Weitere Züge entstanden im Raw Berlin-Schöneweide 1972, 1974 und 1975 aus abkömmlichen S-Bahn-Viertel-Zügen der Baureihe 275. Für die Streckenerweiterung der Linie E nach Hellersdorf wurden von 1986 bis 1990 nochmals 41 Viertelzüge der Baureihe 275 für den Bau von E III-U-Bahn-Wagen „ausgeschlachtet“.

Hilfe aus West-Berlin

Ein technischer Defekt an einem AI-U-Bahnwagen führte am 4. Oktober 1972 zu einem Brand in der Kehranlage der Kleinprofillinie unter dem Alexanderplatz und vernichtete 16 Kleinprofilwagen. Die Decke oberhalb der Kehranlage fiel auf 100 Meter Länge ein und musste schnellstens erneuert werden. Bereits am 20. Dezember 1972 konnte der durchgängige Betrieb wieder aufgenommen werden. Um den durch den Brand entstandenen Fahrzeugverlust auszugleichen, übernahmen die BVB von der BVG Ende Dezember 1972 je 20 Trieb- und Beiwagen des Typs AII, die durch den Waisen- und bzw. Klostertunnel überführt wurden.

Zu diesem Zeitpunkt stand bereits fest, dass die inzwischen zum Teil über 65 Jahre alten Kleinprofilwagen der Linie A durch Neubaufahrzeuge ersetzt werden mussten, da deren Instandhaltung aus ökonomischen Gründen nicht mehr zu verantworten war, zumal sich die Antriebstechnik längst überlebt hatte. Die dafür erforderlichen Kapazitäten konnten im VEB Lokomotivbau Elektrotechnische Werke „Hans Beimler“ (LEW) Hennigsdorf gebunden werden. Bereits im Frühjahr 1975 konnten vier neue Doppeltriebwagen des als Typ GI bezeichneten und völlig neu konstruierten Fahrzeugs vorgestellt werden. Nach eingehender Erprobung begann 1978 der Serienbau in leicht veränderter Form. Bis 1989 lieferte LEW 104 GI Fahrzeuge. Am 5. November 1989, vier Tage vor dem Fall der Mauer, wurden die letzten Altbau-Züge der Typen AI und AII feierlich verabschiedet. Damit war es wenigstens gelungen, auf der Kleinprofilstrecke ausschließlich Neubaufahrzeuge einzusetzen.

Bau der Tunnelröhre in Friedrichsfelde für die neue U-Bahnstrecke Richtung Hönow im September 1986

Bis 1973 um 756 Meter verlängert

Die Verlängerung der U-Bahnlinie E von Friedrichsfelde in Richtung Schöneweide stand in Ostberlin bei allen U-Bahnplanungen stets auf der Prioritätenliste. Zudem forderte der Direktor des 1955 eröffneten Friedrichsfelder Tierparks immer wieder die Verlängerung der U-Bahn von Endbahnhof Friedrichsfelde zum dortigen Tierpark. Erste Projekte wurden zunächst abgelehnt, jedoch überarbeitet, als in diesem Bereich ein Ausbildungs- und Forschungszentrum nebst einem Wohngebiet errichtet werden sollte.

Obwohl noch kein „staatlicher Beschluss“ für die dringend erforderlich gewordene U-Bahn-Verlängerung vorlag, sollte die im VEB Tiefbau plötzlich nicht ausgelastete Rammkapazität sinnvoll genutzt werden. In Eigeninitiative vereinbarten nun die Direktoren des VEB Tiefbau und der BVB den ersten Rammschlag für den 19. Dezember 1969, der – übrigens ohne Wissen des Ostberliner Stadtrats für Verkehr – auch stattfand. Schließlich gelang es, das so begonnene Bauvorhaben zu legalisieren und durchzusetzen. Am 25. Juni 1973 eröffneten die BVB ihre 756 Meter lange U-Bahn-Neubaustrecke Friedrichsfelde – Tierpark. Planerisch war beim Bau des U-Bahnhofs Tierpark eine zusätzliche Bahnsteiganlage im Zuge der später zu realisierenden Strecke von Schöneweide in Richtung Marzahn berücksichtigt worden.

Als Schnellbahn nach Hellersdorf

Ende der 1970er-Jahre hatte sich herausgestellt, dass die Neubaugebiete in Marzahn und Hohenschönhausen nicht ausreichen würden, um die „Lösung der Wohnungsfrage als soziales Problem bis 1990" zu erreichen. Deshalb begannen nun die Planungen für den neuen Stadtteil Berlin-Hellersdorf mit 50.000 Wohnungen, wobei zugleich Varianten zur verkehrstechnischen Erschließung zu untersuchen waren. Eine anfänglich diskutierte Erschließung durch die S-Bahn über den Bahnhof Berlin-Lichtenberg ließ sich nicht verwirklichen, weil die Kapazität der Strecke in Richtung Ostkreuz und erst recht darüber hinaus bis zur Stadtbahn nach Anbindung der Strecken aus den Richtungen Marzahn und Hohenschönhausen restlos ausgelastet war.

Ende 1983 fiel die Entscheidung zur Verlängerung der U-Bahn vom Endbahnhof Tierpark um 10,1 Kilometer bis nach Hönow. Die Vermessungsarbeiten begannen Mitte 1984 und der eigentliche Bahnbau wurde am 1. April 1985 in Angriff genommen. Die neue Schnellbahntrasse konnte am 7. Juli 1988 bis zum Bahnhof Elsterwerdaer Platz und am 1. Juli 1989 bis zur Endstation Hönow, die sich bereits außerhalb Berlins befand und erst mit Wiedervereinigung Deutschlands nach Berlin eingemeindet wurde, eröffnet werden.

Erstmals in der Geschichte des Berliner Schnellbahnbaus war in Wuhletal ein Umsteigebahnhof mit Richtungsbahnsteigen für die S- und U-Bahn entstanden. Hinzu kamen im Bereich dieses Bahnhofs Gleisverbindungen zur Deutschen Reichsbahn, um die Überführung von U-Bahn-Fahrzeugen in das Raw Schöneweide zu erleichtern, und außerdem eine Abstellanlage in Hönow. Die Neubaustrecke liegt vorwiegend auf Dämmen und in Einschnitten. Ein 1.116 Meter langer Tunnel befindet sich hinter Wuhletal Richtung Hönow und ein weiterer hinter dem Bahnhof Tierpark, anschließend nutzt die Schnellbahn die Trasse einer 1979 stillgelegten Eisenbahnstrecke der Deutschen Reichsbahn.

Endlich neue Fahrzeuge!

Für den nun entstandenen Verkehrsbedarf reichten auch die im Raw Schöneweide ab 1986 zu U-Bahn-Wagen des Typs EIII umgebauten S-Bahnfahrzeuge nicht aus. In Verhandlungen mit der BVG wurde schließlich die Übernahme von einigen Fahrzeugen des Typs D der Baujahre 1957 – 1960 vereinbart. Die ersten vorher in der U-Bahn-Hauptwerkstatt Seestraße für die Ostberliner Bedingungen umgerüsteten und lackierten Fahrzeuge rollten im März 1988 durch den Waisentunnel auf das Netz der BVB. Bis zum 3. Oktober 1990, dem Tag der deutschen Wiedervereinigung, verfügten die BVB über 92 Wagen des Typs D. Ostberliner Fahrgäste, die anfänglich nichts von den Umsetzungen mitbekommen hatten, nahmen die durch höhere Anfahrbeschleunigung, ruhigeres Fahrverhalten und ungewohnten Fahrmotorgeräuschen auffallenden Fahrzeuge mit Freude auf. Gelegentlich war in den meist vollen Zügen zur hören: „Endlich neue Fahrzuge."

„Anhängsel" an die Kleinprofilstrecke

Mit der Instandhaltung des für die Streckenerweiterung von Tierpark nach Hönow eingesetzten Fahrzeugparks war die U-Bahnbetriebwerkstatt Friedrichsfelde auf Dauer überfordert. So bot sich die Möglichkeit an, auf dem Gelände der Deutschen Reichsbahn zwischen den Bahnhöfen Pankow und Pankow-Heinersdorf eine Werkstatt für die Kleinprofilwerkstatt einzurichten. Vorgesehen war eine 1,5 Kilometer Zuführungsstrecke, ausgehend vom U-Bahnhof Pankow (Vinetastraße), die oberirdisch in Höhe der Prenzlauer Promenade enden sollte. Hier war der Bau einer Revisionshalle geplant. Die Vorarbeiten für dieses am 11. Dezember 1986 vom DDR-Ministerrat beschlossene Projekt begannen Ende 1988 und ein Jahr später wurde Baufreiheit im Zuge der Berliner Allee durch die provisorische Verlegung der Straßenbahn geschaffen. Im März 1990 nahm der Ostberliner Magistrat von einem mehrmals diskutierten Baustopp Abstand. Da sich durch die mittelfristig mögliche Wiederanbindung der U-Bahnstrecke vom Thälmannplatz in Richtung Westen und die sich anbahnende Vereinigung von BVB und BVG der Bau einer Betriebswerkstatt an der Granitzstraße erübrigt hatte, wurde nun entschieden, die Strecke bis zum S-Bahnhof Pankow zu verlängern. Die Schachtarbeiten für die Tunnelgrube begannen schließlich am 5. April 1990.

Heimliche Verbindungskurve

Anfang der 1980er-Jahre sollte der Ostberliner Teil der Friedrichsstraße in eine attraktive Einkaufsmeile umgestaltet werden, für deren bessere Verkehrserschließung die unter dieser Straße befindliche und von der BVG als Transitstrecke genutzte Nord-Süd-U-Bahn einbezogen werden sollte. Dabei kamen wiederum – diesmal auf sehr interner Ebene – mehrere Varianten zur Sprache, in deren Ergebnis ein U-Bahnbetrieb zwischen Pankow (Vinetasraße) und Stadion der Weltjugend (heute Schwartzkopffstraße) mit Kleinprofil-Fahrzeugen für realistisch gehalten wurde.

Um den Anschluss an die Kleinprofillinie Richtung Pankow zu erhalten, sollte ein eingleisiger Verbindungstunnel zwischen beiden Strecken errichtet werden. Tatsächlich wurden diese Arbeiten 1987 im Zuge einer bevorstehenden Häuserbebauung in Angriff genommen, ohne jedoch einen baulichen Anschluss an die bestehenden U-Bahn-Tunnel zu schaffen. Aus politischen Gründen galt das Vorhaben stets als „delikat", weil man sich scheute mit dem West-Berliner Senat Verhandlungen über das Vorhaben aufzunehmen.

1989/90 war der Rohbau ohne Tunneldecke bereits fertig gestellt worden. Aber schon wenig später erwies sich die künftige „heimliche Verbindungskurve" als überflüssig. Der Rohbau wurde im Rahmen der Bebauung in diesem Bereich wieder abgetragen.

Lehrter Stadtbahn
BVG
2001
2001
Gesundbrunner
1316

Grünau
D 3
Oranienburg
K 2

Ein Kapitel für sich – die S-Bahn im Schatten der Viermächte

Am Ende Zweiten Weltkriegs waren zahlreiche Fahrzeuge und Anlagen zerstört. Schon wenige Wochen nach Kriegsende, im Mai und Juni 1945, musste auf Anweisung der sowjetischen Besatzungsmacht die S-Bahn-Strecke zwischen dem Schlesischen Bahnhof und Erkner abgebaut werden. Unter die Demontage fielen bis auf einen Fall auch die Unterwerke, jedoch nicht die Stromschienen. Hinzu kam der Abriss der Nordringkurve am Ostkreuz sowie fast alle zweiten Gleise auf den elektrifizierten Abschnitten der Vorortbereiche. Die Strecke Schlesischer Bahnhof – Erkner war die einzige, die komplett abgetragen wurde. Möglicherweise geschah dies auch deshalb, um die Militärtransporte der Roten Armee aus Richtung Frankfurt (Oder) nicht durch „zivile Blicke" zu stören. Zeitzeugen berichteten zudem, dass der Oberbau dieser Strecke bereits beim Vormarsch der Roten Armee zum Teil erheblich beschädigt worden war.

Links: Anlässlich einer Sonderfahrt präsentieren sich im Juni 1986 zwei Passviertel-Züge der Baureihe 275 in der Kehranlage des Bahnhofs Berlin-Mahlsdorf

Rechts: Ein Eingang zum Bahnhof Unter den Linden um 1952. Die Wunden des Kriegs sind auch in unmittelbarer Nähe des Brandenburgers Tors unübersehbar

Inbetriebnahme in Etappen

Ungeachtet dessen gelang es am 6. Juni 1945, den elektrischen Betrieb zwischen Wannsee und Schöneberg auf einem Gleis wieder aufzunehmen. Bereits einen Tag später fuhren die wenigen Züge sogar bis Großgörschenstraße (heute Yorckstraße [Großgörschenstraße]). Noch im selben Monat folgten der Abschnitt Spandau – Westkreuz und die Ringbahn-Teilstrecke Treptower Park – Hermannstraße. Wegen des durch den Wassereinbruch nicht nutzbaren Nord-Süd-Tunnels reaktivierte die Deutsche Reichsbahn den stark zerstörten Potsdamer Ringbahnhof und ließ Gleise des ebenfalls beschädigten Stettiner Fernbahnhofs mit Stromschienen ausrüsten, um dort bis zur Teilinbetriebnahme der Tunnelstrecke im Jahre 1946 S-Bahn-Züge ein- und aussetzen zu können. Die Stadtbahn konnte von Au-

Wahrscheinlich auf dem Bahnhof Berlin-Charlottenburg entstand diese Aufnahme im September 1945. Typisch für jene Zeit waren überfüllte Züge und Bahnsteige

Rechts: Insgesamt 138 S-Bahn-Viertelzüge wurden im Frühjahr 1946 als Reparationsgut in die Sowjetunion gebracht, um dort zum Teil auf Vorortstrecken eingesetzt zu werden. Auf einer um 1960 gedruckten Ansichtskarte wurden Lenin, eine große Staumauer und ein im nationalsozialistischen Deutschland gebauter S-Bahnzug der Baureihe ET 167 als Fotomontage vereint

gust bis November 1945 auf ganzer Länge reaktiviert werden. Zum Jahresende 1945 wurden wieder 245 Kilometer S-Bahn-Strecken befahren.

Der Deutschen Reichsbahn gelang es, den Nord-Süd-S-Bahn-Tunnel mithilfe mehrerer Spezialbetriebe in Etappen für den Zugverkehr herzurichten. Bereits ab 31. Januar 1946 endeten die Züge aus Richtung Norden im unterirdischen Stettiner S-Bahnhof. Und vom 16. November 1947 an rollten die S-Bahnen wieder auf gesamten Tunnelstrecke. Bereits am 6. Februar 1946 war der Vollring komplett eröffnet worden.

Bis 1948 vollendet

Obwohl noch immer einige Strecken nicht befahren werden konnten, gelang es der Deutschen Reichsbahn neben den Instandsetzungsarbeiten an diesen Abschnitten, weitere zuvor noch nicht elektrisch betriebene Teilstrecken mit einer Stromschiene und meist provisorischen Stromversorgungsanlagen auszurüsten. So fuhren die S-Bahnen vom 7. März 1947 an über Mahlsdorf hinaus bis Hoppegarten (Mark) und schließlich nach einer weiteren Zwischenetappe ab 31. Oktober 1948 bis Strausberg. Zusätzlich elektrifizierte die Deutsche Reichsbahn ein verbliebenes Gleis der alten Berlin-Potsdamer Fernbahn zwischen Zehlendorf und Düppel (von 1951 bis 1973 als Düppel-Kleinmachnow bezeichnet). Auf diesem Teil der bis 1945 auch im Vorortverkehr betriebenen Strecke Berlin Potsdamer Bahnhof – Potsdam – Werder (Havel) war bereits am 1. Dezember 1945 ein Dampfzug-Pendelverkehr bis zum erst im Juli 1939 eröffneten Haltepunkt Düppel eingerichtet worden, der vom 15. Juni 1948 an elektrisch betrieben wurde.

Als ein besonderer Kraftakt erwies sich der Wiederaufbau der S-Bahn-Strecke vom Schlesischen Bahnhof nach Erkner. Bereits im Verlaufe des Jahres 1946 war in Etappen auf den Fernbahngleisen ein unregelmäßiger S-Bahn-Ersatzverkehr mit Dampfzügen eingerichtet worden, der auf Dauer aber den Verkehrsbedarf nicht abzudecken

vermochte. Im Frühjahr 1947 gab die Sowjetische Militäradministration (SMAD) in Deutschland ihr Einverständnis zum Wiederaufbau der S-Bahn-Strecke. Allerdings wurde ausdrücklich darauf hingewiesen, dass für Reparationszwecke anderswo abgebaute Eisenbahnanlagen nicht zur Verfügung stünden, vielmehr Oberbaustoffe, Sicherungstechnik und Stromversorgungstechnik aus „eigenen Reserven" zu beschaffen seien. So musste die Deutsche Reichsbahn Schienen und Schwellen von stillgelegten Bahnanlagen in und um Berlin zur Verfügung stellen oder – sofern von der SMAD freigegeben – Oberbaustoffe von bis 1945 militärisch genutzten, jetzt aber nicht mehr erforderlichen Anschlussgleisen gewinnen. Ende Mai 1947 begann der Wiederaufbau der Strecke. Erst vom 3. Januar 1948 an war der elektrische Betrieb bis Köpenick möglich. Er konnte Schritt für Schritt ausgedehnt werden, bis ab 2. November 1948 wieder planmäßig S-Bahn-Züge in Erkner

endeten und einsetzten. Erst 1960 gelang es, die Strecke wieder durchgängig zweigleisig zu betreiben.

Weiterer Streckenausbau aus politischen Gründen

Zu Beginn der 1950er-Jahre elektrifizierte die Deutsche Reichsbahn weitere Vorortstrecken. Diese Arbeiten wurden in den meisten Fällen von der Bevölkerung als Schritte zur Vervollkommnung des S-Bahnnetzes gewertet. Tatsächlich verbarg sich hinter diesen Erweiterungen ein wichtiger politischer Hintergrund: Die DDR-Regierung war um eine gewollte Abgrenzung Berlins bemüht, um die Kontrollen der aus der Provinz in die Viersektorenstadt reisenden Menschen besser in den Griff zu bekommen. Außerdem sollten die noch in Betrieb und überwiegend auf West-Berliner Gebiet befindlichen und stark zerstörten Fernbahnhöfe möglichst bald geschlossen werden.

Allein im Verlauf des Jahres 1951 stellte deshalb die Deutsche Reichsbahn die Streckenabschnitte Grünau – Königs Wusterhausen, Berlin-Spandau – Staaken, Berlin-Spandau – Falkensee, Jungfernheide – Siemensstadt/Fürstenbrunn – Berlin-Spandau und Lichterfelde Süd – Teltow auf elektrischen Betrieb um. Fernpersonen- bzw. Vorortzüge endeten und begannen fortan unter anderem in Königs Wusterhausen, Teltow und Falkensee. Die Fahrgäste mussten die an diesen Strecken eingerichteten Kontrollpunkte passieren.

Ende 1951 war das elektrisch betriebene S-Bahn-Netz 325 Kilometer lang und damit im Vergleich zum Jahre 1943 um immerhin 31 Kilometer gewachsen. Allerdings stand dieser Verbesserung eine teilweise deutlich geringere Leistungsfähigkeit durch den Abbau von 114 Kilometer zweiter Gleise gegenüber.

„Durchläufer“ auf Zeit

Um die nicht wenigen außerhalb Ostberlins wohnenden Mitarbeiter des DDR-Staatsapparats weitgehend von der „besonderen politischen Einheit West-Berlin“ – so der damals von der DDR-Regierung verbreitete Wortlaut – abzuschirmen, wurden zunächst die beiden Gütergleise Pankow und Schön-

Ein Zug der Bauart Stadtbahn am 29. Mai 1958 in Höhe des ehemaligen Flakbunkers in Gesundbrunnen

Blick auf die demontierte S-Bahn-Strecke Ostkreuz – Erkner im September 1945. Teile der Stromschienen blieben wie auch Schwellen erhalten

„Bereisung" des überfluteten Nord-Süd-S-Bahn-Tunnels Ende September 1945 im Bereich des Stettiner Bahnhofs zur Suche von Wasserleichen und der Feststellung der Schäden

September 1945: Der Zustand eines im Nord-Süd-Bahn-Tunnel stehen gebliebenen S-Bahn-Zugs wird überprüft – zugleich wird nach Toten gesucht

Unten: Mehrere Triebwagen der Reihe ET 169 erhielten Mitte der 1950er-Jahre neue Stirnfronten, die äußerlich denen der ET 165 angepasst waren (Juli 1961; Berlin-Zehlendorf)

hauser Allee mit Stromschienen ausgerüstet. Diese Verbindung konnte am 25. Dezember 1952 in Betrieb genommen werden und ermöglichte einen S-Bahn-Zugverkehr aus Richtung Berlin-Blankenburg über Ostkreuz zur Stadtbahn ohne den in West-Berlin befindlichen Bahnhof Berlin-Gesundbrunnen zu berühren. Die Verbindungskurve wurde Ende 1961 – und damit kurz nach dem Mauerbau – durch eine Neubaustrecke ersetzt. Erst seit einiger Zeit wird diese Gleisanlage im Sprachgebrauch und in Veröffentlichungen als „Ulbrichtkurve" bezeichnet. Es handelt sich aber hierbei um eine Wortschöpfung, die erst seit der Wiedervereinigung Deutschlands zum Sprachgebrauch zählt.

Eine weitere Besonderheit wurde im S-Bahnbetrieb am 17. Januar 1953 eingeführt: die so genannten Durchläufer. Sie verkehrten in der Berufszeit bis zum 4. Mai 1958 von Berlin Friedrichstraße nach Falkensee, Potsdam, Oranienburg und Velten und hielten nicht auf den Bahnhöfen und an den Haltepunkten in West-Berlin. Auch diese Züge waren für Mitarbeiter des Staatsapparats bestimmt. Mit der Fertigstellung des größtenteils neu gebauten Außenrings im Jahre 1958 konnten die „Durchläufer" wieder entfallen, da nun Vorortzüge verkehrten, die West-Berlin umfuhren bzw. abschnittsweise „umkreisten", weshalb sie im Volksmund nicht nur „Bonzenschleudern" hießen, sondern nach dem damals aktuellen Weltereignis der Raumfahrt auch „Sputniks" genannt wurden.

Die letzte Umstellung auf elektrischen Betrieb vor dem Mauerbau hatte wiederum einen politischen Hintergrund. Das für die 1955 gebildete Nationale Volksarmee der DDR zuständige Ministerium für Nationale Verteidigung konzentrierte man in Strausberg. Der neue Standort erforderte einen direkten Bahnanschluss, weshalb eine 8,98 Kilometer lange Stichbahn von Strausberg nach Strausberg Nord gebaut und am 1. Januar 1955 in Betrieb genommen wurde. Bereits am 3. Juni 1956 führte die Deutsche Reichsbahn den elektrischen Betrieb auch auf dieser Strecke ein.

Hohe Leistungen mit weniger Fahrzeugen

Durch die alliierten Luftangriffe auf Berlin wurden nicht wenige S-Bahn-Fahrzeuge zerstört. Da ein großer Teil der Werkstattein-

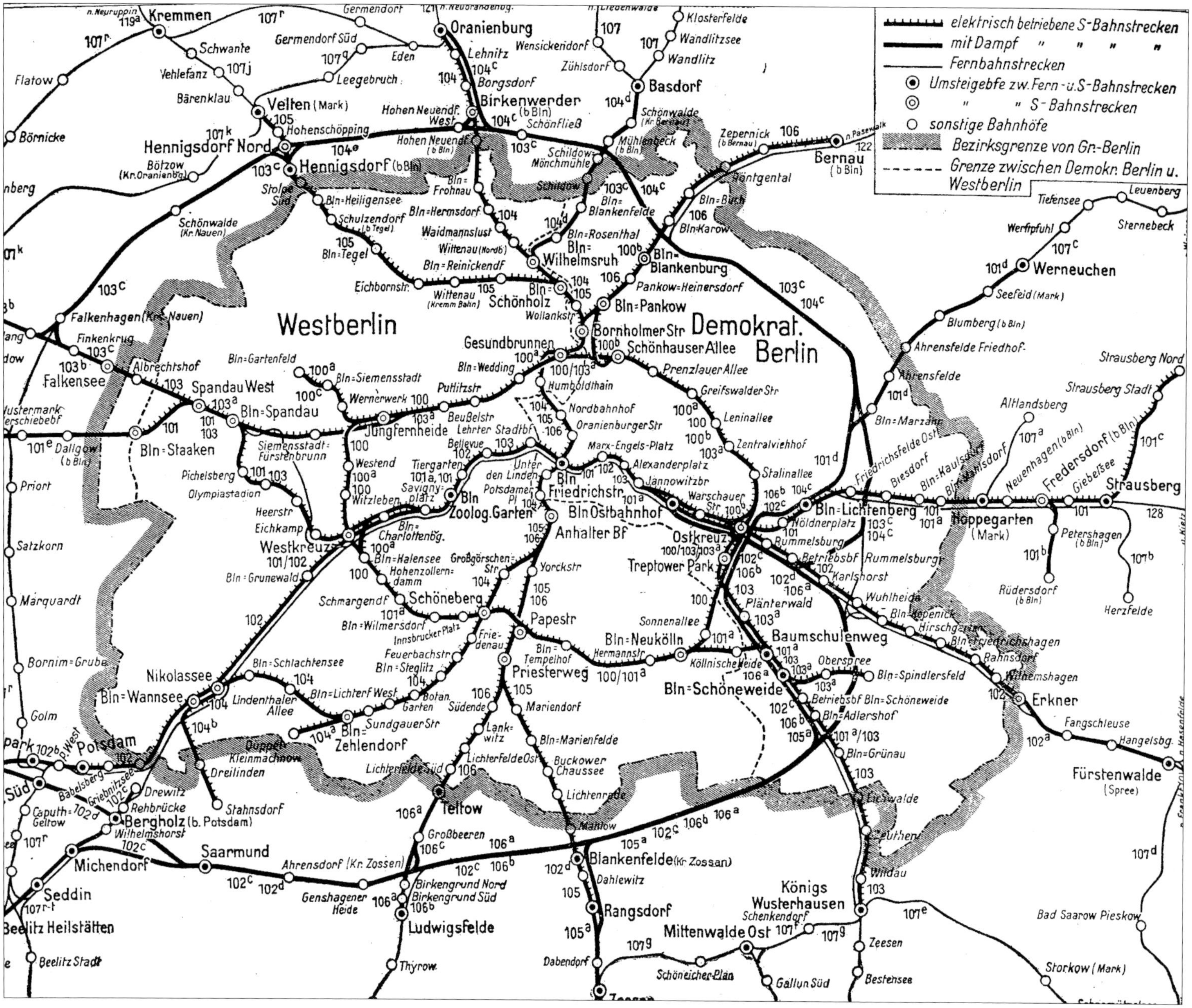

Streckennetz der Berliner S-Bahn im Jahre 1960 mit dem noch nicht getrennten Streckennetz

richtungen des Raw Schöneweide auf Befehl der sowjetischen Besatzungsmacht demontiert worden war, standen hier anfänglich nur geringe Instandsetzungskapazitäten zur Verfügung. Vor allem deshalb wurden nicht wenige Viertelzüge in den Nachkriegsjahren mithilfe des Schienenfahrzeugbaus außerhalb Berlins, besonders der Waggonfabrik Bautzen, wieder aufgebaut. Das Raw Schöneweide war im Verlaufe des Zweiten Weltkriegs nicht mehr in der Lage, den gesamten S-Bahn-Wagenpark fristgemäß instand zu setzen. Deshalb wurden vor allem kriegsbeschädigte Fahrzeuge nach Lauban in Schlesien gebracht, um im dortigen Raw aufgearbeitet zu werden. Die 1945 in Lauban

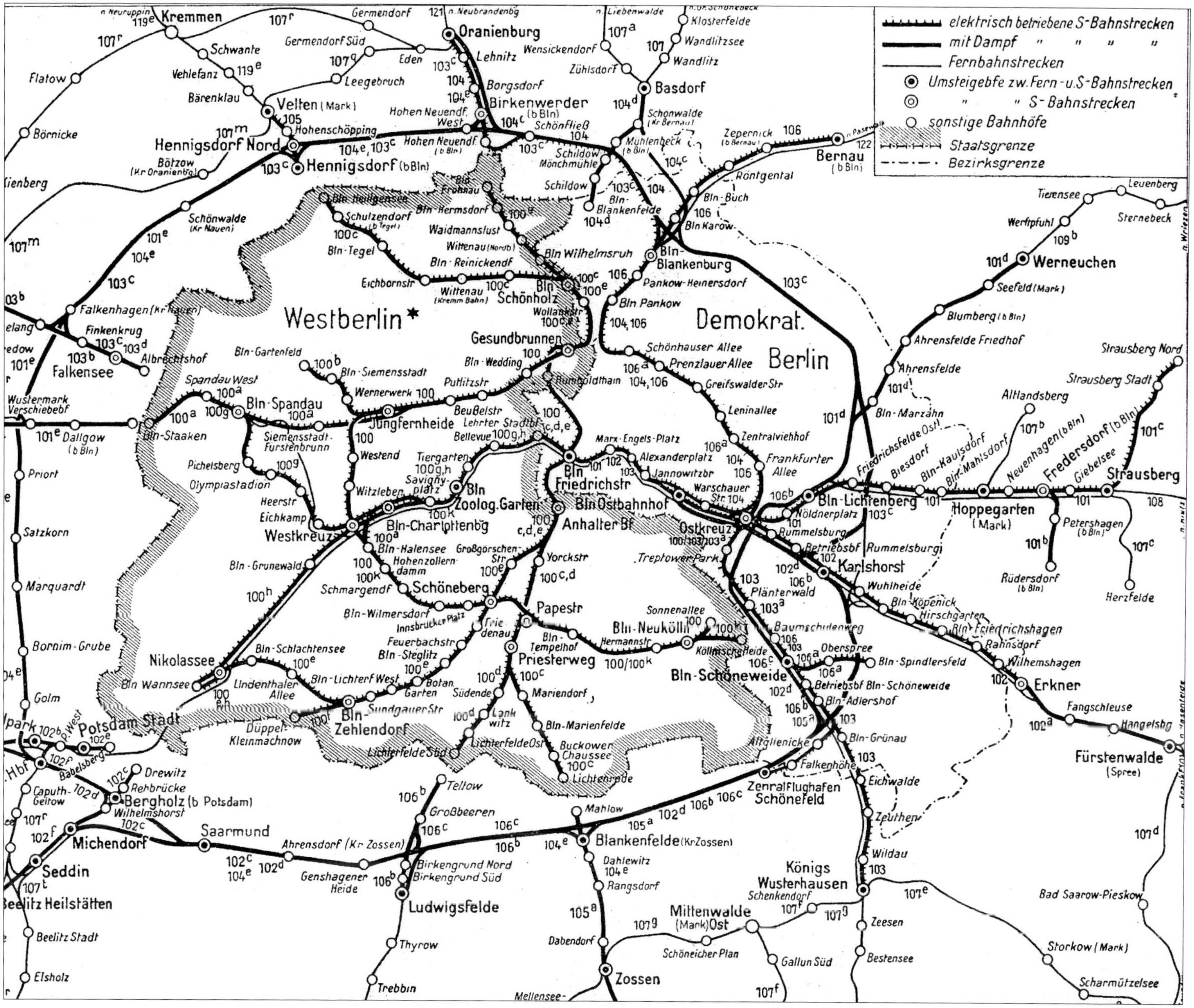

Streckennetz der Berliner S-Bahn im Jahre 1965 mit dem geteilten S-Bahn-Netz und den neu erbauten Teilstrecken im Bereich Schönhauser Allee – Pankow, Blankenburg – Hohen Neuendorf und Adlershof – Zentralflughafen Berlin-Schönefeld

verbliebenen etwa 130 Viertelzüge der Baureihen ET 165, ET 166 und ET 167 gingen nach dem Ende des Zweiten Weltkriegs in den Besitz der Polnischen Staatsbahnen (PKP) über, die dort bis in die 1950er-Jahre 80 Viertelzüge für einen im Raum Gdansk eingerichteten S-Bahn-Betrieb aufbauen ließen. Einen noch größeren Einschnitt bedeutete die Abgabe von 138 Viertelzügen der Baureihen ET 165, ET 166 und ET 167 im Frühjahr 1946 als Reparationsleistung an die UdSSR. Zumindest einen Teil der Fahrzeuge setzte man im Vorortverkehr der Großräume Tallin und Moskau ein. Nach Verhandlungen zwischen der DDR und der Sowjetunion gelangten 1952 insgesamt 69

Viertelzüge der Baureihen ET 165 und ET 167 wieder nach Berlin. Darunter befanden sich auch sieben Viertelzüge der von 1943 bis 1945 mit 1.200 Volt Gleichspannung betriebenen Werkbahn des Raketenzentrums Peenemünde. Sämtliche Fahrzeuge wurden bis 1954 wieder für den Einsatz auf der Berliner S-Bahn hergerichtet.

Von 1958 bis zum Frühjahr 1961 verhandelten die Sowjetunion und die DDR über die Rückführung weiterer 39 Viertelzüge aus Tallin. Zu diesem Zeitpunkt wären diese Fahrzeuge sehr willkommen gewesen, um den Berliner S-Bahn-Verkehr weiter verdichten zu können. Doch mit der Schließung der Sektorengrenze zwischen Ost- und West-Berlin am 13. August 1961 sank der Bedarf an S-Bahn-Zügen praktisch über Nacht beträchtlich. Deshalb nahm die DDR Abstand von der Übernahme dieser Züge.

Ein Neubauzug für die S-Bahn

Trotzdem bemühte sich die Deutsche Reichsbahn ab Mitte der 1950er-Jahre um die Beschaffung von Neubauzügen. Schließlich gelang es auf Grundlage eines völlig neu erarbeiteten Forderungsprogramms, im VEB Waggonbau Ammendorf einen Baumusterzug zu fertigen und 1959 auszuliefern.
Der Triebzug wich erheblich von den bisher bei der Berliner S-Bahn üblichen Fahrzeugen ab. Das als Baureihe ET 170 bezeichnete Baumuster bestand aus zwei Halbzügen, die sich jeweils aus zwei Doppeltriebwagen zusammensetzten. Die Enddrehgestelle jedes nur mit einem Führerstand ausgestatteten Doppeltriebwagens wurden angetrieben.
Das in der Mitte befindliche Jacobsdrehgestell stellte die Verbindung zwischen Wagenenden ohne Führerstand her. Auffallend waren die abgerundeten Stirnseiten mit Panoramascheiben des elfenbein-mittelblau lackierten und deshalb schon bald als „Blaues Wunder“ benannten Baumusterzugs.

Bei der Betriebserprobung zeigten sich empfindliche Mängel. Sie wären nur mit großem Aufwand zu beseitigen gewesen. Hinzu kam, dass es der Schienenfahrzeugindustrie an Kapazitäten für den Bau von Großserien fehlte und nicht wenige Materialengpässe bestanden. Zudem verfügte die Berliner S-Bahn nach dem 13. August 1961 über genügend Züge, sodass die Indienststellung von Neubauzügen nicht unbedingt notwendig erschien.

Ein Halbzug war insbesondere zwischen Friedrichstraße und Erkner bis 1963 in Betrieb, wurde anschließend abgestellt, 1969 ausgemustert und 1973 verschrottet. Der andere Halbzug erhielt 1967 die übliche Berliner S-Bahn-Lackierung und verkehrte bis etwa 1970 – aber sehr unregelmäßig – ebenfalls auf der genannten Strecke. Im Jahre 1974 wurde dieser Halbzug verschrottet.

Betriebsrechte ja, aber mehr nicht!

Nach dem Ende des Zweiten Weltkriegs führte die unter Kontrolle der sowjetischen Besatzungsmacht stehende Deutsche Reichsbahn den Betrieb auf dem Gebiet von Groß-Berlin weiter, wenngleich für die vier Sektoren die jeweiligen Siegermächte zuständig waren. Mit Sicherheit gab es in jenen Tagen und Wochen andere Sorgen, als den Rechtsstatus der Eisenbahn, insbesondere in der Viersektorenstadt Berlin, exakt zu definieren. Beispielsweise findet sich im Potsdamer Abkommen vom 2. August 1945 nicht ein einziger Hinweis zur Regelung der Eisenbahnfrage in Berlin. Mit dem SMAD-Befehl Nr. 8 vom 11. August 1945 legten die sowjetischen Streitkräfte in Deutschland fest: „Ab 1. September 1945 ist der Eisenbahnbetrieb an die deutschen Eisenbahner zu übergeben.“ Aus praktischen Gründen – vielleicht auch aus Bequemlichkeit – nahmen die Amerikaner, Briten und Franzosen besagten Befehl auch für das Territorium von Groß-Berlin hin.

Allerdings regelte unter anderem die Proklamation Nr. 2 des Alliierten Kontrollrats vom 20. September 1945 das Hoheits- und Eigentumsrecht an den Grundstücken und Hochbauten der Deutschen Reichsbahn. Eine besondere Bestimmung der Alliierten für die Westsektoren aus dem Jahre 1949 legte die Zwangsverwaltung des Eisenbahnvermögens durch das Finanzamt für Liegenschaften und ab 1. August 1953 durch die dem Finanzsenator unterstellte „Verwaltung des ehemaligen Reichsbahnvermögens“ fest. Mithin blieb der Deutschen Reichsbahn in West-Berlin lediglich die Betriebsführung der Fern- und S-Bahn.

Mangels gegenteiliger Entscheidungen führte die Deutsche Reichsbahn also in allen vier Sektoren den Bahnbetrieb und somit auch den der S-Bahn weiter. Die Deutsche Reichsbahn nahm sozusagen stillschweigend geduldete Betriebsrechte wahr, die für die Sowjetunion und die 1949 gegründete DDR große politische Bedeutung besaß, hatte man doch dadurch einen Fuß in der „West-Berliner Tür“. Daraus erklärt sich auch die Tatsache, dass die nicht mehr zutreffende und erst recht nicht zum Sozialismus passende Bezeichnung „Deutsche Reichsbahn“ erhalten blieb.

Im Übrigen galten nach dem Rechtsverständnis der DDR die West-Berliner Eisenbahner, eingeschlossen die S-Bahner, als Beschäftigte eines sozialistischen Betriebs. Sie gehörten der Sozialversicherung der DDR an und wurden durch das Gesundheitswesen der DDR betreut. Für die Interessenvertretung war die sozialistische Einheitsgewerkschaft FDGB zuständig. Grundsätzlich sollte sich diese Situation erst mit der Wiedervereinigung Deutschlands ändern, endete aber für die Beschäftigten der S-Bahn bereits Anfang 1984 mit der Übergabe der S-Bahn an die BVG.

Zwischen Whisky und Wodka – Friedrich Kittlaus

Die Nachkriegsgeschichte der Berliner S-Bahn wäre unvollständig, würde an dieser Stelle nicht an Friedrich Kittlaus (1901 – 1991) erinnert werden. Er begann seine berufliche Laufbahn als Eisenbahner im Jahre 1917 und wurde 1938 Betriebskontrolleur bei der Berliner S-Bahn. Dabei lernte Kittlaus den Betrieb bis ins Detail kennen. Nach den Zerstörungen von S-Bahnanlagen während des Zweiten Weltkriegs gelang es dem Fachmann immer wieder, den Zug-

Nachdem die BVG den S-Bahnbetrieb 1984 in West-Berlin übernommen hatte, verschwand das „Westnetz" der S-Bahn umgehend aus den Kursbuchkarten der Deutschen Reichsbahn, da in diesem Fall keine Statusfragen auf der Tagesordnung standen

verkehr innerhalb kürzestes Zeit in Gang zu bringen.

Im August 1945 wurde Friedrich Kittlaus aus dem Reichsbahndienst entlassen, weil er seit 1933 der NSDAP angehört hatte. Doch schon bald wurde der Fachmann von der sowjetischen Besatzungsmacht dienstverpflichtet und er soll zunächst in der als verlängerter Arm der SMAD geschaffenen Deutschen Wirtschaftskommission tätig gewesen sein, um im April 1949 zur S-Bahn zurückzukehren. Mit Bildung der zur Reichsbahndirektion (Rbd) Berlin gehörenden Verwaltung der S-Bahn im November 1954 wurde Friedrich Kittlaus deren Leiter und zugleich Vizepräsident der Rbd Berlin. Diese berufliche Entwicklung war nur möglich, weil Kittlaus ein unangefochtener Fachmann war, denn er blieb stets West-Berliner Bürger und pendelte täglich zwischen beiden Stadtteilen.

Die DDR ehrte den nun parteilosen Vizepräsidenten mit zahlreichen Auszeichnungen. Stets hatte Kittlaus beste Beziehungen zu den Amerikanern in Berlin-Zehlendorf und den Sowjets in Berlin-Karlshorst. Und so soll es nicht wenige Dienstfahrten direkt von Zehlendorf nach Karlshorst gegeben haben. Dass diese Kontakte der Deutschen Reichsbahn und vor allem der S-Bahn auch nach dem 13. August 1961 zugute kamen, steht außer Zweifel. Seine zahlreichen Gespräche werden sich aber nicht nur auf den Eisenbahnverkehr Berlins beschränkt, sondern auch andere diplomatische Fragen beider Seiten eingeschlossen haben.

Im Alter von 67 Jahren ging Friedrich Kittlaus Ende 1973 in den wohlverdienten Ruhestand und starb im Jahr 1991 im wiedervereinigten Berlin. Damit hat er noch den Beginn der Wiederherstellung eines gesamten Berliner S-Bahn-Netzes miterleben dürfen.

Der zweigleisige Ausbau der S-Bahn im Bereich des Bahnhofs Flughafen Berlin-Schönefeld ist in Arbeit. Am 17. März 1987 trifft ein Zug aus Oranienburg ein. Das Ortsausgangsschild der Gemeinde Schönefeld enthält gleich zwei Fehler: zum einen „Alt-Glienicke" statt „Altglienicke", zum anderen gehört dieser Ort zu Berlin, ist also nicht – wie hier ausgewiesen – selbstständig

Getrennt und doch ein Ganzes – die Auswirkungen des 13. August 1961

In der Nacht zum 13. August 1961 wurden die Grenzen zwischen West-Berlin, Ostberlin und dem DDR-Gebiet hermetisch abgeriegelt. In jenen Nachtstunden endete nicht nur der durchgehende S-Bahn-Verkehr. Gleichzeitig wurden ebenso Gleisstücke in den Grenzbereichen herausgerissen. Davon

Bau der S-Bahn-Strecke nach Marzahn bzw. Ahrensfelde. Streckenerweiterung im Hebrst 1980 nahe dem bereits in Betrieb befindlichen S-Bahnhof Otto-Winzer-Straße (heute Mehrower Allee)

betroffen waren die Streckenabschnitte Wannsee – Griebnitzsee, Heiligensee – Stolpe Süd, Frohnau – Hohen Neuendorf, Lichtenrade – Mahlow, Lichterfelde Süd – Teltow, Bornholmer Straße – Abzweig vor Pankow, Gesundbrunnen – Schönhauser Allee, Sonnenallee – Treptower Park und Köllnische Heide – Baumschulenweg. Zwischen Spandau West und Albrechtshof entfernte man zunächst einen Teil der Stromschiene, da hier das Gleis bis zum 5. Dezember 1961 noch für Schnellzüge Richtung Hamburg benötigt wurde. In Staaken verbarrikadierten die „bewaffneten Organe" den Übergang auf das Gebiet der DDR. Und auf der Stichbahn Wannsee – Stahnsdorf sorgten der Ausbau

Ein Vollzug der Reihe 275 aus Richtung Berlin-Schöneweide bei Einfahrt in den Bahnhof Spindlersfeld (im Hintergrund) am 27. Mai 1967

unten: Kehranlage in Berlin-Mahlsdorf, Juni 1986: Links ein Passviertel-Sonderzug der Reihe 275, rechts einfahrender Planzug der Reihe 276.1 (ex Reihe 275) aus Richtung Strausberg

von Sicherungstechnik und das Aufstellen von Drahtsperren für die Unbefahrbarkeit der Strecke. Die Eingänge der Ostberliner Bahnhöfe und Haltepunkte der Nord-Süd-S-Bahn Potsdamer Platz, Unter den Linden, Oranienburger Tor und Nordbahnhof mauerte man binnen weniger Stunden zu. Der Bahnhof Berlin Friedrichstraße wurde zugleich zum Grenzübergang ausgebaut. Allerdings konnten hier auch West-Berliner ohne Kontrollen zwischen der Nord-Süd-S- und U-Bahn sowie der Stadtbahn Richtung Westen umsteigen. Bereits im Jahr 1953 hatte die Deutsche Reichsbahn die Gleise des Bahnsteigs B auf dem Bahnhof Berlin Friedrichstraße mit Stromschienen ausgerüstet. Vom 14. August 1961 an endeten die S-Bahn-Züge des „Westnetzes" an diesem Bahnsteig. Die von hier aus bestehende und mit Stromschienen ausgerüstete Gleisverbindung zum „Ostnetz" nutzte die Deutsche Reichsbahn bis 1984 mehr oder weniger regelmäßig für Dienstzugfahrten, unter anderem zum Austauschen von Zügen zwischen beiden Netzen und für Fahrten vom und zum Raw Schöneweide.

Obwohl in den folgenden Wochen nicht wenige fahrplantechnische Probleme zu bewältigen, meist innerhalb kürzester Zeit neue Kehrmöglichkeiten durch zusätzliche Gleisanlagen zu schaffen und auch Personalprobleme zu lösen waren, spielte sich der getrennte Betrieb auf beiden Teilnetzen schnell ein. Und so makaber es sein mag: Nur durch das gekonnte Management erfahrener S-Bahner, zu denen auch Friedrich Kittlaus gehörte, konnten die Störungen im Ergebnis der perfekt organisierten Netztrennung innerhalb kurzer Zeit beseitigt werden.

Vorübergehend Pendelzüge

Während auf den Strecken Wannsee – Stahnsdorf und Lichterfelde Süd – Teltow der Betrieb vom 13. August 1961 an gänzlich eingestellt worden war, rollten auf den außerhalb Berlins verbliebenen „Stummelstrecken" zunächst weiterhin S-Bahnen.

Das für die Berliner S-Bahn so typische Gesicht der Stirnfront eines Triebwagens der Bauart Stadtbahn im Juni 1986. Damals waren einige Züge in dieser Form als so genannte Passviertel noch in Betrieb. Beim Einsatz an der Zugspitze mussten diese Fahrzeuge, da die Einrichtungen zur Einmann-Bedienung fehlten, stets mit einem Triebfahrzeugführer und einem Beimann besetzt werden

Dies betraf die Abschnitte Albrechtshof – Falkensee (bis 9. Oktober 1961), Oranienburg – Hohen Neuendorf, Stolpe Süd – Hennigsdorf (bis 16. August 1961), Hennigsdorf – Velten (Mark), Mahlow – Rangsdorf (bis 7. oder 12. September 1961) und Griebnitzsee – Potsdam Stadt (bis 9. Oktober 1961). Die Einstellung des Gleichstrombetriebs im September und Oktober 1961 auf den betreffenden Restabschnitten war unter anderem darauf zurückzuführen, dass in diesen Bereichen keine vernünftigen Anlagen zur Wartung der Züge vorhanden waren. Notdürftige Reparaturen mussten in den letzten Betriebswochen unter freiem Himmel ausgeführt werden. Da in Oranienburg und Velten (Mark) Triebwagenhallen zur Verfügung standen, konnte der S-Bahn-Verkehr auf den dort ausgehenden Strecken weitergeführt werden. Zudem benötigte die Deutsche Reichsbahn dringend Stromschienen und Unterwerke für nach dem Mauerbau kurzfristig zu elektrifizierende Streckenabschnitte.

Weitere Strecken unter Strom

Einen hohen Stellenwert besaß die Wiederanbindung der Strecke Hohen Neuendorf – Oranienburg an das östliche Teilnetz. Deshalb baute die Deutsche Reichsbahn am Abzweig Bergfelde zum zweigleisigen nördlichen Teil des Berliner Außenrings Verbindungsweichen ein und rüstete diese Fernbahngleise bis Berlin-Blankenburg mit

Zur Eröffnung der S-Bahn-Strecke Hohenschönhausen – Wartenberg verkehrte am 20. Dezember 1985 ein Vollzug der Baureihe 276.1. Das Foto entstand auf dem Endbahnhof Wartenberg

Stromschienen aus, die überwiegend von den durch den Mauerbau aufgegebenen Strecken stammten. Auf dieser 17,4 Kilometer langen Strecke wurde der elektrische Betrieb am 19. November 1961 aufgenommen. Eine völlig neu trassierte und 2,09 Kilometer lange Strecke stand ab 10. Dezember 1961 zwischen Schönhauser Allee und Pankow zur Verfügung, sodass die – wie schon erwähnt – die 1952 an den Gütergleisen zwischen Pankow und Schönhauser Allee angebrachten Stromschienen wieder entfernt werden konnten. Fortan verkehrten die Züge aus den Richtungen Bernau und Oranienburg bis auf den Nordring und darüber hinaus.

Nach den Planungen aus dem Jahr 1959 sollte der bereits 1955 teilweise für den zivilen Luftverkehr freigegebene, jedoch nicht auf Berliner Gebiet befindliche Flughafen Schönefeld bis 1965 einen S-Bahn-Anschluss erhalten. Um den Vorortverkehr aus den südlich Berlins gelegenen Bereichen und aus dem Raum Potsdam zu verbessern, musste dieses Bauvorhaben nach dem Mauerbau kurzfristig umgesetzt werden. Die Arbeiten an der hinter dem S-Bahnhof Adlershof am so genannten Grünauer Kreuz abzweigenden Strecke begannen im Herbst 1961. Im Bereich des Bahnhofs Altglienicke wurde ein kurzer Abschnitt des 1941 eröffneten Güteraußenrings genutzt. Die Deutsche Reichsbahn gab den S-Bahn-Betrieb auf der neuen Strecke am 26. Februar 1962 für den öffentlichen Verkehr frei. Auf dem Abschnitt Abzweig Grünauer Kreuz – Altglienicke blieb die Strecke bis 1987 eingleisig, ebenso im Einfahrbereich des heutigen Bahnhofs Berlin-Schönefeld Flughafen bis 1991. Seitdem ist die Gesamtstrecke durchgehend zweigleisig ausgebaut.

Im Jahre 1962 betrug die Länge aller im S-Bahnbetrieb befahrenen Strecken, eingeschlossen der „Inselbetrieb“ Hennigsdorf (b Berlin) – Velten (Mark), 310,1 Kilometer, von denen 144,8 Kilometer zum westlichen Teilnetz gehörten. Insgesamt war die Netzlänge trotz des Zuwaches in den Jahren 1961/62 nach dem Mauerbau um 23,9 Kilometer reduziert worden.

Der S-Bahn-Betrieb zwischen Hennigsdorf (b Berlin) und Velten (Mark) bescherte der Rbd Berlin stets zusätzliche Betriebsaufwendungen. Wenn Triebwagenzüge ausgetauscht werden mussten, wurden sie auf den Fernbahngleisen zur bzw. von der Triebwagenhalle Oranienburg mit Lokomotiven geschleppt. Im Zuge der Elektrifizierung des Berliner Außenrings mit 15 kV $16\,^2/_3$ Hz Wechselspannung bot es sich an, mehrere Stichbahnen ebenfalls mit Fahrleitungen auszustatten. Darunter fiel auch die Strecke Hennigsdorf (b Berlin) – Velten (Mark). Auf dieser Verbindung endete der traditionelle S-Bahn-Betrieb am 21. September 1983.

Im Westen Boykott und im Osten viele Fahrgäste

Wenige Tage nach Schließung der Grenze zu West-Berlin, am 17. August 1961, rief der Deutsche Gewerkschaftsbund (DGB) unter dem Motto „Keinen Pfennig mehr für Ulbricht“ und „Jeder Westberliner S-Bahn-Fahrer bezahlt den Stacheldraht am Brandenburger Tor“ zu einem S-Bahn-Boykott auf. Die West-Berliner Bürger sollten die S-Bahn möglichst nicht mehr benutzen. Dieser nie offiziell als beendet erklärte Boykott führte – von kurzzeitigen Ausnahmen abgesehen – zu einem nicht mehr aufzuhaltenden Fahrgastrückgang. Tatsächlich förderten und duldeten die Massenparteien West-Berlins die Anti-S-Bahn-Kampagne, um den West-Berlinern damit ein Ablassventil für den Mauerbau zu bieten.
Der finanzielle Spielraum der Deutschen Reichsbahn für den Erhalt der Infrastruktur wurde durch das abnehmende Verkehrsaufkommen und der dadurch immer geringer werdende Einnahmen ständig kleiner. Zwar sorgte die Verwaltung der S-Bahn bei der Rbd Berlin stets für die Betriebssicherheit der Gleisanlagen und Fahrzeuge, aber die Mehrzahl der Hochbauten verkam zusehends.

Solche Aufnahmen haben Seltenheitswert: Ein Zug am Nord-Süd-S-Bahn-Tunnel im Bereich Nordbahnhof, trotz dichter und damit abgeriegelter Grenze fotografiert von einem DDR-Bürger aus einem Ostberliner Wohnhaus im Jahre 1979

Damit wurde das Verkehrsmittel immer unattraktiver und nach der Meinung vieler West-Berliner auch unsicherer. Hinzu kam, dass die Verkehrsplaner im Zusammenhang mit dem U-Bahn-Ausbau Stationen, die sich für einen Umsteigeverkehr zwischen beiden Verkehrsmitteln geeignet hätten, nicht vorsahen, sondern die neuen U-Bahnstationen möglichst weit entfernt von den S-Bahnhöfen projektierten und ausführen ließen.

Mehrmals bot die DDR in den 1970er-Jahren dem West-Berliner Senat an, ihm die S-Bahn zu verpachten oder forderte zur Aufrechterhaltung bzw. Modernisierung der Anlagen finanzielle Hilfen. Aufgrund der komplizierten Rechtslage und vermutlich auch aus (mitunter demonstrativ bekundetem) Desinteresse ging der Senat auf diese Angebote nicht ein. Indes kam die Deutsche Reichsbahn ihrer Verkehrspflicht weiter nach und hielt den defizitären Betrieb aufrecht. Im Jahre 1980 fuhren auf dem West-Berliner Teilnetz nur noch etwa 70.000 Fahrgäste werktäglich in den auf dem 144,8 Kilometer langen Streckennetz verkehrenden S-Bahnen. Dies entsprach lediglich fünf Prozent des gesamten Aufkommens im Öffentlichen Personennahverkehr West-Berlins. Dagegen bemühte sich die Deutsche Reichsbahn, den S-Bahnbetrieb in Ostberlin weiter zu stabilisieren und auszubauen. Um Personal einsparen zu können, wurden von 1965 bis 1969 systematisch die S-Bahn-Züge mit der erforderlichen Technik für den Einmann-Betrieb (EMB) umgerüstet. Die Schaffner genannten Beimänner konnten dadurch sukzessive auf beiden Teilnetzen eingespart werden. Die Züge der Reihen ET 166 und ET 167 bekamen die dafür erforderliche Technik komplett, jedoch nicht alle Züge der Baureihe ET 165 (ab 1970 Baureihe 275). Letztere erhielten im Rahmen des Umbaus unterhalb der Stirnfenster zwei separate Spitzen- und Schlusslampen, die den Fahrzeugen ein anderes Aussehen verliehen. Die nicht umgerüsteten Züge hatten lediglich die für den EMB erforderlichen Steuerleitungen erhalten und konnten deshalb im EMB als so genannte Passviertel nur noch in der Mitte eines Zuges eingereiht werden.

Beträchtliche Investitionen flossen in den 1960er- und 1970er-Jahren in die Infrastruktur des östlichen Netzes. Von 1962 bis 1984 gelang es, den seit 1961 betriebenen Abschnitt der Oranienburger Strecke auf eigener neuer und alter Trasse durchgängig zweigleisig auszubauen. Bis 1989 wurde das zweite, 1945 demontierte S-Bahngleis auf den Abschnitten Grünau – Zeuthen und Blankenburg – Buch wieder hergestellt. Der 1989 begonnene zweigleisige Ausbau von Berlin-Mahlsdorf nach Hoppegarten (Mark) konnte erst Anfang der 1990er-Jahre beendet werden.

Nicht verwirklichte Projekte

Zudem gab es für das Berliner S-Bahnnetz im Osten der Stadt mehrere Erweiterungspläne, die aufgrund unzureichender Wirtschaftskraft in der DDR nie verwirklicht werden konnten. Dazu gehörten eine S-Bahn-Verbindung vom Grünauer Kreuz Richtung Wuhlheide, für die bereits Erdarbeiten geleistet wurden und Brückenwiderlager entstanden. Mehrere Projekte für den Umbau des Bahnhofs Ostkreuz konnten ebenso nicht realisiert werden, wie der Bau eines neuen Fern- S-Bahnhofs Karlhorst. Im Jahre 1966 war vorgeschlagen worden, die Stadtbahnstrecke zu begradigen. Diese Arbeiten berücksichtigte man sogar im zwei Jahre später verabschiedeten Generalverkehrsplan für die DDR-Hauptstadt; sie wurden aber 1969 für nichtig erklärt. Dafür sollte mit der Sanierung der Stadtbahnbögen 1976 begonnen werden. Tatsächlich geschah dies zu DDR-Zeiten nur im Bereich des S-Bahn-Haltepunkts Marx-Engels-Platz (heute Hackescher Markt). Die Arbeiten begannen 1979 und konnten erst kurz vor der Wende 1989 beendet werden.

Von 1976 bis 1980 sollte außerdem die Strecke von Berlin-Karow nach Wandlitzsee elektrifiziert werden. Auch dieses bereits bis

Triebwagen 276 005 am 16. Januar 1982 im S-Bahnbetriebswerk Wannsee. Schon bald danach wurde dieses Fahrzeug nach Ostberlin gebracht

Von der Deutschen Reichsbahn abgestellte Viertelzüge in der am Bahnhof Berlin-Grunewald befindlichen Triebwagenhalle Hundekehle am 11. September 1982

ins Detail geplante Projekt musste zu den Akten gelegt werden.

Mit der S-Bahn in die Satellitenstädte

Der Aufbau der neuen Stadtteile in Marzahn und Hohenschönhausen führte jedoch zum beschleunigten Neubau der 6,1 Kilometer langen S-Bahnstrecke von Friedrichsfelde Ost nach Ahrensfelde über Berlin-Marzahn, die in Etappen von 1976 bis 1982 in Betrieb ging. Hinzu kam 1984 und 1985 die Verbindung Springfuhl – Wartenberg mit einer Länge von 5,7 Kilometern.

Die am 1. Mai 1983 beschlossene Renovierung von 36 Berliner S-Bahnhöfen, teilweise unter Beachtung besonderes wertvoller Bausubstanz, wurde unter erheblichen Kraftaufwendungen bis 1987 abgeschlossen. Neue Stromversorgungsanlagen und Signaltechnik gelangten abschnittsweise zum Einbau und ermöglichten eine dichtere Zugfolge. Im Dezember 1986 erhielt der S-Bahnhof Warschauer Straße einen dritten Bahnsteig. Dieses Programm sollte in den 1990er-Jahren fortgesetzt werden. Dazu gehörte der Weiterbau der S-Bahnstrecke von

Der S-Bahnhof Springfuhl im Wandel der Zeiten! Er wurde zunächst als Zwischenstation der Strecke Friedrichsfelde Ost – Marzahn am 30. Dezember 1976 in Betrieb genommen. Diese Verbindung wurde in Etappen bis zum 30. Dezember 1982 bis Ahrensfelde verlängert. Seit dem 20. Dezember 1984 zweigt von hier die Strecke nach Hohenschönhausen ab, die am 20. Dezember 1985 bis Wartenberg erweitert wurde. Links: ein Zug der Baureihe 275 aus Marzahn in Richtung Warschauer Straße im Juli 1977; rechts: ein Zug der Baureihe 481 an gleicher Stelle im Juli 1998 unterwegs nach Potsdam Stadt (heute Potsdam Hbf)

Wartenberg bis zum Karower Kreuz. Er kam jedoch bis zum Jahre 2004 nicht zustande, ist aber langfristig weiterhin vorgesehen.

Modernisiert, aber nicht ersetzt

Praktisch bestand bis Ende der 1980er-Jahre keine Chance, den mittlerweile veralteten S-Bahn-Fahrzeugpark durch neue Züge zu ersetzen. Deshalb blieb der Deutschen Reichsbahn nichts anderes übrig, als die vorhandenen Fahrzeuge im Raw Schöneweide zu modernisieren. Von 1973 bis 1982 wurde deshalb ein großer Teil der Baureihen 276.0 und 277 modernisiert. In dieses Programm wurden 206 Viertelzüge einbezogen. Äußerlich konnte man diese Züge sofort durch die neu gestalteten Stirnfronten erkennen. Dem Fahrgast fiel außerdem die größere Laufruhe der modernisierten Züge auf. Sie war durch den Einbau von im Kombinat VEB Lokomotivbau – Eletrotechnische Werke Hans Beimler (KLEW) Hennigsdorf gefertigten Drehgestellen möglich geworden.

Von 1979 bis 1987 modernisierte das Raw Schöneweide außerdem 212 Viertelzüge der Baureihe 275 – unter ihnen nicht wenige Passviertelzüge –, die ebenfalls durch neue und moderner gestaltete Stirnwände auffielen, aber an den Seitenwänden ihre inzwischen legendär gewordenen Nieten behielten. Deshalb bekamen die nach der Verjüngungskur in die Baureihe 276.1 umgezeichneten Züge bald den Spitznamen „Nietenreko“. Die modernisierten Fahrzeuge gelangten auf dem westlichen Teilnetz nicht zum Einsatz, sondern verkehrten ausschließlich in Ostberlin bzw. bis in die anschließenden Randgebiete.

Parallel zum Modernisierungsprogramm für die Altbaufahrzeuge konstruierte das KLEW Hennigsdorf Ende der 1970er-Jahre einen völlig neuen S-Bahn-Zug, der 1980 auf der Leipziger Frühjahrsmesse der Öffentlichkeit präsentiert wurde. Die Aufteilung in Viertelzüge wurde beibehalten, ansonsten aber die Technik und Innenausstattung nach modernsten Erkenntnissen gestaltet. Die Deutsche Reichsbahn erprobte den Baumusterzug bis 1983 ausgiebig und gab ihn danach für den Fahrgastverkehr frei. Dabei festgestellte Mängel gingen in das Forderungsprogramm für den Bau der Nullserie ein, die aus acht Viertelzügen bestand und bis 1987 ausgeliefert wurde. Die durch Exportaufträge gebundene Schienenfahrzeugindustrie konnte den Serienbau erst 1990 beginnen und damit während der Wende in der DDR und der Wiedervereinigung Deutschlands. Bis 1992 lieferte das Werk in Hennigsdorf weitere 158 Viertelzüge an die Deutsche Reichsbahn aus.

Eine Lok der DR-Baureihe 106 zieht eine bei der Waggon-Union in Berlin-Tegel völlig neu aufgebaute S-Bahn der Reihe 275 im Auftrag der BVG Richtung Schönholz (28. April 1986, S-Bahnhof Eichborndamm)

Neue Chancen nach einem Streik

Die S-Bahn fuhr in West-Berlin zunehmend rote Zahlen ein. Nicht wenige Eisenbahner waren bereits zwischen 1975 und 1980 entlassen worden. Die Deutsche Reichsbahn versuchte nun, den Eisenbahnbetrieb in West-Berlin zu rationalisieren, jedoch weiter ihrer Betriebspflicht nachzukommen. Bereits im Vorfeld des am 14. Mai 1980 vom Präsidenten der Rbd Berlin bestätigten „Rationalisierungsprogramms für den Eisenbahnverkehr in Westberlin“ war den West-Berliner Eisenbahnern bekannt geworden, dass unter anderem der S-Bahn-Verkehr künftig auf mehreren Strecken nur noch von 5 Uhr bis 21 Uhr stattfinden solle. Zudem plante die Deutsche Reichsbahn, eine Triebwagenhalle und mehrere Fahrkartenausgaben zu schließen. Obwohl die Rbd Berlin den Eisenbahnern Lohnerhöhungen zugesagt hatte, stieg die Unzufriedenheit zusehends, da Nachtzuschläge und weitere Planstellen entfallen sollten. Der Unmut gipfelte in einem am 17. September 1980 begonnenen Streik, der zur Einstellung des gesamten S-Bahn-Verkehrs in West-Berlin führte.

Eine Aktion ähnlichen Ausmaßes hatte es schon einmal und zwar vom 21. Mai bis 27. Juni 1949 gegeben. Damals streikten die in West-Berlin wohnenden Reichsbahner

Die Formulierung „Unsere Jüngste" zusammen mit den darunter abgebildeten Zügen in der Bauform der Jahre 1927/28 auf einem BVG-Plakat von 1984 erheiterte vor allem West-Berliner Eisenbahnfreunde – aber sicher auch einige Fahrgäste

unter Führung der zuvor gebildeten Unabhängigen Gewerkschaftsorganisation Groß-Berlin (UGO), weil sie mit ihren bis dahin ausschließlich in Ost-Mark ausgezahlten Verdienst die West-Mark-Preise aufgrund ihrer höhreren Wertigkeit nicht mehr bezahlen konnten. Nach beeindruckenden Arbeitskämpfen, die zum Erliegen des S-Bahn-Verkehrs im West-Berlin geführt hatten, lenkte die Deutsche Reichsbahn ein und sagte zu, nunmehr 60 Prozent der Gehälter bzw. Löhne in West-Mark auszuzahlen. Zwar ging es beim Eisenbahnerstreik im September 1980 auch um Geld, aber mehr noch waren die Beschäftigten an sicheren Arbeitsplätzen interessiert. Ostberlin reagierte aber nicht, sodass der Streik am 23. September 1980 abgebrochen wurde.

Nun ordnete die im Auftrag der DDR-Regierung handelnde Deutsche Reichsbahn noch drastischere Einschränkungen des S-Bahn-Verkehrs an als sie im „Rationalisierungsprogramm für den Eisenbahnverkehr in Westberlin" vorgesehen waren: Zahlreiche Angehörige der S-Bahn wurden entlassen oder kündigten von selbst. Der am 28. September 1980 wieder aufgenommene S-Bahn-Betrieb fand nur noch auf den Relationen Berlin Friedrichstraße – Charlottenburg – Wannsee, Frohnau – Nord-Süd-Tunnel – Lichtenrade und Heiligensee – Nord-Süd-Tunnel – Lichterfelde Süd im 20-Minuten-Takt statt. Zwischen Berlin Friedrichstraße und Charlottenburg rollten die Züge bis 1.30 Uhr, ansonsten endete der Betrieb gegen 21 Uhr. Das West-Netz schrumpfte damit von 144,8 Kilometer auf 72,6 Kilometer, die Anzahl der betriebenen Bahnhöfe und Haltepunkte von 78 auf 38. Zwar blieben die Gleisanlagen und Hochbauten der außer Betrieb gesetzten Strecken bestehen, aber verkamen nun erst recht.

Auf diese empfindlichen Einschnitte reagierten die Westmächte trotz der jetzt von der Deutschen Reichsbahn nur noch teilweise wahrgenommenen Betriebspflicht wiederum gelassen. Offizielle Einsprüche auf diplomatischen Ebenen sind jedenfalls nicht bekannt.

Übergabe nach Annäherung – die S-Bahn in West-Berlin unter Regie der BVG

Schließlich brachte der Eisenbahnerstreik eine noch Wochen zuvor für unmöglich gehaltene Bewegung in die S-Bahn-Frage. Plötzlich stand die S-Bahn im Mittelpunkt der Medienwelt und erste Wünsche zur ernsthaften Einbeziehung des einst zur Weltspitze gehörenden Verkehrsmittels in das West-Berliner Nahverkehrssystem wurden immer lauter und sogar zum Wahlkampfthema! Spätestens jetzt dürfte deutlich geworden sein, dass sich West-Berlin mit dem S-Bahn-Boykott langfristig ein gewaltiges Eigentor geschossen hatte. Aber das vermochte in der Hoch-Zeit des Kalten Kriegs der Weltmächte wohl kaum jemand erkennen oder es wurde gar bewusst verdrängt.

Im Mai 1982 gab der West-Berliner Senat grünes Licht für die Reaktivierung und Modernisierung der S-Bahn. Im Ostteil der Stadt wurde diese Entwicklung mit Genugtuung zur Kenntnis genommen, war man doch dort daran interessiert, endlich von der Betriebspflicht der S-Bahn entbunden zu werden. Nur Insidern war bekannt, dass sich die BVG bereits seit 1981 mit den Betriebsmodellen für die S-Bahn beschäftigte. Indes bemühte sich der Senat mit den Westalliierten um die Klärung komplizierter Rechtsfragen.

Vom 31. Oktober 1983 bis zum Jahresende gelang es Vertretern des West-Berliner Senats und der BVG sowie der Deutschen Reichsbahn, die Verhandlungen zur Übernahme der S-Bahn abzuschließen. In einer auffallend kurzen Zeit klärten beiden Seiten alle wesentlichen in diesem Zusammenhang stehenden Probleme. Das betraf nicht nur den Fahrzeugeinsatz und Personalfragen, sondern auch Details der Betriebsführung, beispielsweise die Besetzung jener Stellwerke, von denen aus der Zugverkehr auf den S- und Fernbahngleisen zu regeln war. Außerdem verabredeten beide Seiten, dass die Züge zwischen Lehrter Stadtbahnhof und Bahnhof Berlin Friedrichstraße durch Ostberliner Personal gefahren werden und das ebenfalls zuletzt ausschließlich von „Ost-Reichsbahnern" betriebene S-Bahnbetriebswerk Nordbahnhof geschlossen wird. Der West-Berliner Senat übernahm von der Deutschen Reichsbahn 119 Trieb- und 117 Beiwagen der Baureihe 275.

Nachdem die Westalliierten der „S-Bahn-Vereinbarung" zugestimmt hatten, konnte sie am 30. Dezember 1983 in Ostberlin unterzeichnet werden. Auf deren Grundlage stellte die Deutsche Reichsbahn den S-Bahnbetrieb am 9. Januar 1984 um 3.00 Uhr ein. Exakt eine Stunde später rollte erstmals in der Geschichte Berlins ein Zug der S-Bahn unter Regie der BVG und zwar von Berlin-Charlottenburg in Richtung Berlin Friedrichstraße.

Sonderzug der BVG für S-Bahn-Freunde im Bahnhof Berlin-Wannsee am 22. März 1986. Für die Fotografen wurde der Pass-Viertel-Triebwagen 275 737 zeitgenössisch beschildert

BVG-Fotosonderzug auf dem von der BVG wieder aufgebauten Gleis für Prüfzwecke zwischen Wannsee und der Teltow-Kanal-Brücke (Richtung Potsdam) am 22. März 1986. Mit einer solchen Beschilderung fuhren die S-Bahnen zwischen dem 2. Oktober 1960 und dem 13. August 1961 auf der Strecke Erkner – Stadtbahn – Potsdam Stadt

S-Bahn-Prototyp der Baureihe 480 am 9. Mai 1987 im Bahnhof Berlin-Grunewald

Abfahrbereit nach Frohnau: ein Zug der Baureihe 275 in Lichtenrade am 13. März 1988. Solche Nostalgie war damals in West-Berlin für einen normalen Einzelfahrschein zu haben – und das jeden Tag

Mitte der 1980er-Jahre bestand bei der S-Bahn in West-Berlin zeitweilig Wagenmangel, so dass auch die von der Deutschen Reichsbahn der BVG überlassenen Passviertel-Züge an der Zugspitze zum Einsatz kamen. Dies war unter anderem auf der Wannseebahn der Fall. Hier ein solcher und wegen fehlender Sicherheitsfahrschaltung mit Triebfahrzeugführer und Beimann eingesetzter Zug in Berlin-Schöneberg

Ein Zug in Richtung Frohnau rollt zwischen Bornholmer Straße und Wollankstraße direkt an der Mauer entlang. Die Aufnahme datiert vom 12. Oktober 1986

Rechtsgrundlagen für den Betrieb der „BVG-S-Bahn" bildeten übrigens das Reichsbahngesetz vom 4. Juli 1939 und – man staune – das preußische Kleinbahngesetz aus dem Jahre 1892. Letzteres hatte in West-Berlin seine Gültigkeit behalten, da das 1951 vom Deutschen Bundestag verabschiedete „Allgemeine Eisenbahn-Gesetz" aufgrund des in West-Berlin bestehenden Viermächte-Status hier nicht eingeführt werden konnte.

Nach zwei Jahrzehnten Abstand kann man die Übernahme der S-Bahn durch die BVG im Jahre 1984 als einen bedeutenden Meilenstein in der deutsch-deutschen Geschichte betrachten. Immerhin verlor die DDR mit dem Verzicht auf die Betriebsrechte der S-Bahn erstmals seit ihrem Bestehen einen Teil ihres Einflusses auf West-Berliner Gebiet und gab eine Rechtsposition auf, auf die sie jahrzehntelang vehement bestanden hatte. Es steht außer Zweifel, dass es sich dabei um einen Kompromiss infolge der immer komplizierter gewordenen Lage der DDR-(Plan-)Wirtschaft gehandelt hat, da einfach das konvertierbare Geld fehlte, um die S-Bahn weiter zu betreiben.

Erneuert, modernisiert und integriert

Zunächst betrieb der BVG lediglich die Abschnitte Charlottenburg – Lehrter Stadtbahnhof (– Berlin Friedrichtsraße) und Anhalter Bahnhof – Lichtenrade. Beide Linien haben eine Länge von 21,2 Kilometer, während die Deutsche Reichsbahn 72,2 Kilometer Strecke befahren hatte. Da die Wannseebahn und die Verbindung Charlottenburg – Wannsee für Betriebsfahrten zur Betriebswerkstatt Wannsee weiterhin genutzt werden mussten, plante die BVG, diese Abschnitte bis 1985 wieder zu reaktiveren. Dagegen ruhte der Betrieb auf der Nord-Süd-S-Bahnstrecke ab Anhalter Bahnhof in Richtung Norden.

Die Proteste aus der Bevölkerung gegen die nun von der BVG betriebene „Schrumpf-S-Bahn" veranlassten den Senat, zum 1. Mai 1984 den Betrieb auf der weiterhin von der Deutschen Reichsbahn zu unterhaltenen Nord-Süd-Bahn bis Gesundbrunnen sowie die Teilstrecke Charlottenburg – Wannsee wieder aufzunehmen. Vom 1. Oktober 1984 an rollten die Züge über Gesundbrunnen hinaus bis Frohnau. Parallel dazu begann die BVG, die Gleisanlagen und Bahnhofshochbauten gründlich zu sanieren. Ab 1. Februar 1985 gab es wieder planmäßigen Verkehr auf der Wannseebahn.

Bereits im Juli 1984 hatte der West-Berliner Senat ein Verkehrskonzept verabschiedet, dass auch beträchtliche Investitionen für den Ausbau des S-Bahn-Netzes vorsah. Darin eingeschlossen war vor allem die Erneuerung und Erweiterung der betriebenen Infrastruktur, unter anderem für den zweigleisigen Ausbau der Abschnitte Wilhelmsruh – Frohnau, Mariendorf – Lichtenrade, aber ebenso die Modernisierung der Betriebswerkstatt Wannsee. Von damals nicht betriebenen Strecken sollte bis Anfang der 1990er-Jahre die Ringstrecke zwischen Sonnenallee und Westend völlig neu aufgebaut werden. Die Arbeiten begannen noch kurz vor Beginn der Wiederveinigung der Stadthälften. Außerdem war langfristig S-Bahn-Verkehr auf dem Nordring, nach Lichterfelde West und nach Spandau vorgesehen. Damit hätte die Länge des West-Berliner S-Bahn-Netzes eine Länge von etwa 117 Kilometern erreicht.

Schnell wurde die bis 1984 verabscheute S-Bahn von den West-Berlinern wieder angenommen, zumal jetzt einheitliche Tarife galten. Benutzten die S-Bahn im Herbst 1984 täglich insgesamt 50.000 Fahrgäste, waren es ein Jahr später 1985 bereits 100.000. Die beträchtlichen Investitionen zahlten sich schnell aus. Immerhin flossen in die S-Bahn-Sanierung bis Anfang 1986 rund 320 Mio. DM.

Alte und neue Züge

Die meisten der von der Deutschen Reichsbahn übernommenen EMB- und Passviertelzüge befanden sich zwar in einem betriebsfähigen Zustand, doch bedurften sie bald einer Generalüberholung, da Neubauzüge nicht sofort zur Verfügung standen. Bereits im Sommer 1985 begann in der Waggon Union, Borsigwalde, unter Mitwirkung der AEG und der BVG die Instandsetzung der Züge der Baureihe 275. Sie konnte im August 1987 abgeschlossen werden. Im Rahmen dieser Arbeiten baute die Waggon Union 20 Passviertel-Züge für in EMB-Steuer-Viertelzüge um. Die nun für den öffentlichen Personenverkehr zur Verfügung stehenden 107 Viertelzüge sollten bis zur ihrer Ablösung durch Neubaufahrzeuge einen reibungslosen Betrieb garantieren.

AEG und Siemens entwickelten in Zusammenarbeit mit der BVG inzwischen einen völlig neuen Viertelzug, der „maßgeschneidert" den Berliner Verhältnissen angepasst wurde. Zur Ausrüstung zählen unter anderem Drehstrom-Asynchronmotoren für 90 kWh Dauerleistung, die eine Geschwindigkeit von 100 km/h ermöglichen. Bereits im Oktober 1986 konnte der Öffentlichkeit der erste Baumuster-Viertelzug des als Baureihe 480 bezeichneten Fahrzeugtyps vorgestellt werden. Ihm folgten drei weitere Viertelzüge, die anschließend ausgiebig getestet wurden. Nachdem übrigens ein leitender Mitarbeiter der in Ostberlin ansässigen Politischen Verwaltung der Deutschen Reichsbahn Kenntnis von den neuen Baumusterzügen erhalten hatte, kommentierte er die Neulinge mit den Worten: „Die drüben werden uns schon zeigen, wie ein moderner S-Bahn-Zug auszusehen hat."

Die Serienlieferung begann unter Berücksichtigung der bei den Testfahrten ermittelten Unzulänglichkeiten erst von 1990 bis 1992. Hergestellt wurden 41 Viertelzüge, denen 1993 und 1994 nochmals 40 Viertelzüge folgten, die man allerdings angesichts der bevorstehenden Übernahme der gesamten Berliner S-Bahn durch die künftige Deutschen Bahn AG (DB AG) direkt an die Deutsche Reichsbahn bzw. DB AG auslieferte.

Für die neuen Züge der BVG-Baureihe 480 gab es zwei Farbvorschläge: links der traditionelle Lack, rechts der neue. Die West-Berliner entschieden sich in einer Umfrage für den seit Jahrzehnten üblichen Anstrich

S 3
WANNSEE
BVG
480 004
BVG
480 001

RT HALT
15
14

Aufnahme des elektrischen Zugbetriebs der Berliner S-Bahn von 1947 bis 1986		
Datum	**Streckenabschnitt**	**Länge (km)**
07.03.1947	Mahlsdorf – Hoppegarten (Mark)	4,29
15.06.1948	Zehlendorf – Düppel(-Kleinmachnow)	2,51
01.09.1948	Hoppegearten (Mark) – Fredersdorf (b Berlin)	6,10
31.10.1948	Fredersdorf (b Berlin) – Strausberg	4,93
30.04.1951	Berlin-Grünau – Königs Wusterhausen	14,08
07.07.1951	Lichterfelde Süd – Teltow	2,60
03.08.1951	Spandau West – Staaken	3,47
14.08.1951	Spandau West – Falkensee	7,59
28.08.1951	Jungfernheide – Siemensstadt-Fürstenbrunn – Spandau	6,17
25.12.1952	Gütergleise Schönhauser Allee – Abzweigung Pankow-Schönhausen*	2,40
03.06.1956	Strausberg – Strausberg Nord	8,98
19.11.1961	Hohen Neuendorf – Schönfließ – Berlin-Blankenburg	17,49
26.02.1962	Abzweigung Grünauer Kreuz – Schönefeld	5,61
30.12.1976	Abzweigung Friedrichsfelde Ost – Marzahn	3,76
15.12.1980	Marzahn – Otto-Winzer-Straße (heute Mehrower Allee)	1,75
30.12.1982	Otto-Winzer-Straße (heute Mehrower Allee) – Ahrensfelde	1,62
20.12.1984	Springpfuhl – Hohenschönhausen	4,74
20.12.1985	Hohenschönhausen – Wartenberg	0,99

*** am 10.12.1961 durch Neubaustrecke ersetzt**

Triebwagen 275 531 am 4. Mai 1987 in Berlin-Wannsee

Kaum zu glauben: Aber wir schreiben das Jahr 1987! Das Foto könnte fünf Jahrzehnte früher aufgenommen worden sein. Ein Passvierteil-Zug wartet in der Triebwagenhalle Hundekehle auf den nächsten Einsatz

Berlin Friedrichstraße

Schienennahverkehr im wieder vereinten Berlin

Mit der Öffnung der Berliner Mauer in den späten Abendstunden des 9. November 1989 begann eine gänzlich neue und aus damaliger Sicht völlig unerwartete Entwicklung des Berliner Schienennahverkehrs. In den folgenden Tagen galt es sowohl in der DDR-Hauptstadt Ostberlin als auch in West-Berlin mit viel Improvisationstalent auf das innerhalb weniger Stunden wachsende Fahrgastaufkommen zu reagieren. Umgehend richteten BVB, BVG und einige dem VEB Verkehrskombinat Potsdam unterstellte Verkehrsbetriebe Omnibuslinien von und nach West-Berlin ein. Die östliche Seite reaktivierte bereits am 11. November 1989 zwei Bahnhöfe auf den von der BVG betriebenen U-Bahn-Linien unterhalb Ostberlins, die als zusätzliche Grenzübergänge dienten.

Ab Mitte der 1990er-Jahre wurde der Bahnhof Friedrichstraße komplett renoviert. Seit Ende 1997 fährt hier auch die Straßenbahn, was das Umsteigen erleichtert

Rechts: Sorgfältig restauriert wurde auch der unterirdische S-Bahnhof Oranienburger Straße. Das weiße „S" auf grünem Grund weist den Fahrgästen den Weg. Im Hintergrund rechts die Spitze der wieder aufgebauten Neuen Synagoge

Straßenbahn im vereinigten Verkehrsbetrieb?

Schon im Vorfeld der Wiedervereinigung der beiden deutschen Staaten und Berlins zeichnete sich mittelfristig auch die Verschmelzung von BVG und BVB ab. Auf West-Berliner Seite gab es anfänglich recht zwiespältige Meinungen zur Perspektive der Straßenbahn, saßen doch in den Chefetagen der BVG und des Senats noch immer Mitarbeiter, die die Abschaffung der Straßenbahn bis zum Herbst 1967 als eine berufliche Lebensaufgabe sahen. Allerdings dürfte auch in diesen Bereichen schon 1990 klar gewesen sein, dass sich ein weiteres „Straßenbahnabbauprogramm" nicht wiederholen lässt, zumal dieses Verkehrsmittel in vielen westeuropäischen Staaten am Beginn einer Renaissance stand. Immerhin besaß das wiedervereinigte Berlin ein Straßenbahnstreckennetz von 171,5 Kilometer Länge. Die BVB betrieben 35 Linien mit 1.031 Fahrzeugen, sechs Betriebshöfe und beförderten mit dem ältesten elektrisch betriebenen

Warten auf den nächsten Einsatz in der Schleife Hackescher Markt: Am 3. Oktober 1992 sind mehr und mehr Tatra-Züge im Einsatz. Unter anderem für den Betrieb des Pankower Netzes sind die Rekobahnen zu dieser Zeit allerdings noch nicht abkömmlich

„Nächtliche Rekowagen-Parade" am 8. Februar 1992 im Betriebshof Niederschönhausen, der inzwischen geschlossen worden ist. In dem unter Denkmalschutz stehenden Ensemble sind heute die meisten der historischen Straßenbahnen Berlins untergebracht

Wenige Tage vor Einstellung der Straßenbahnstrecke Adlershof – Altglienicke, „Am Falkenberg", rollt am 25. Dezember 1992 ein Rekozug der Linie 84 seinem Ziel entgegen

Nahverkehrsmittel der Stadt 1990 rund 130 Millionen Fahrgäste.

Nachdem am 25. Oktober 1990 der BVG-Veraltungsrat die Geschäftsleiter der BVG auch zu solchen der BVB ernannt hatte, wurden die Voraussetzungen geschaffen, beide Betriebe zu vereinigen. Der Personalaustausch, in den vor allem Mitarbeiter der Verwaltung, aber ebenso die des Omnibus- und U-Bahnbereichs einbezogen wurden, begann noch im selben Jahr.

Am 1. Mai 1991 wurde die 4,5 Kilometer lange Straßenbahnstrecke vom Betriebshof Marzahn bis in das Neubaugebiet Hellersdorf eröffnet. Der Bau dieser Anlage war noch in der DDR projektiert und in Angriff genommen worden. Einen Monat später, am 2. Juni 1991, führten BVB und BVG ein neues Liniennummernsystem für die Straßenbahn und die Omnibusse ein, in das zusätzlich Berliner Randgebiete, eingeschlossen der Nahverkehr der Landeshauptstadt Potsdam, einbezogen wurden. Ebenso erhielten die beiden Ostberliner U-Bahn-Strecken Liniennummern.

Zugunsten der Straßenbahn

Schließlich trat im Oktober 1991 der Verkehrssenator Berlins mit ersten Vorschlägen zum Ausbau des Straßenbahnnetzes an die Öffentlichkeit. Seinen Vorstellungen zufolge sollten zügig neue Strecken unter anderem über den Alexanderplatz und unterirdisch bis zum Roten Rathaus entstehen. Außerdem sprach sich der Politiker für die Verlängerung von Verbindungen in den ehemaligen Westteil der Stadt aus. Dazu gehörte die Weiterführung der Gleise von der Bornholmer Straße in die Seestraße bis nach Alt Moabit. Ebenso sollte die von der DDR geplante Strecke Falkenberg (Hohenschönhausen) – Marzahn so schnell wie möglich gebaut werden. Zugleich hielt man Stilllegungen für nicht ausgeschlossen, so in der Schönhauser Allee parallel zur U-Bahn. Und nicht zuletzt dachten die Verkehrsplaner an den Abbau des Pankower Netzes, besonders an die Aufgabe der wenig ausgelasteten Strecke nach Rosenthal. Straßenbahnbefürworter fordern indes den Ausbau gerade dieses Astes bis in das Märkische Viertel. Zumindest war Bewegung in das Thema „Straßenbahnperspektive" gekommen.

Ein besonderer Schwerpunkt bestand jedoch in der kurzfristigen Modernisierung der Fahrzeugflotte. Einerseits ging es um den baldigen Ersatz für die völlig veralteten und wegen des fehlenden Fahrkomforts nicht mehr akzeptablen Reko-Fahrzeuge, andererseits auch um die Modernisierung der seit 1976 gelieferten TATRA-Bahnen, die ebenfalls nicht den neuzeitlichen Anforderungen entsprachen. Bereits 1991 modernisierte das in der Privatisierung befindliche Lokomotivwerk Hennigsdorf für die BVB einen TATRA-Wagen kostenlos. Er erhielt unter anderem eine bessere Innenausstattung und elektronische Fahrzielanzeiger.

An der Endschleife Rosenthal wartet ein Reko-Zug der Linie 22 am 5. Dezember 1992 auf die planmäßige Abfahrtszeit in Richtung Friedrichtstraße, Endstelle Am Kupfergraben

Modernisiert und neu gebaut

Zum 1. Januar 1992 schlossen sich BVG und BVB zur BVG zusammen. Nach 43 Jahren gab es in Berlin nun wieder einen Verkehrsbetrieb für die gesamte Stadt. Im Ergebnis einer Ausschreibung entschied sich die BVG im November 1992 zunächst zur Modernisierung von 440 TATRA-Fahrzeugen der Typen KT4D, KT4Dt und T6. Während die KT4D- und KT4Dt-Gelenkwagen vom Waggonbau Bautzen erneuert wurden, gelangten die von 1988 bis 1991 aus Prag bezogenen TATRA-Einzelwagen der Typen T6 und B6 zur Modernisierung in die Mittenwalder Gerätebau GmbH. Außerdem vereinbarten die BVG und Hennigsdorf den Bau von 29 neuzeitlichen GT6-Zügen, nachdem ein solches Fahrzeug aus Bremen Ende 1991 in Berlin getestet worden war. Bereits Anfang 1993 stockte die BVG die GT6-Bestellung um 71 Fahrzeuge auf. Allein für die nunmehr 100 Niederflurbahnen mussten 400 Mio. DM (umgerechnet etwa 205 Mio. Euro) zur Verfügung gestellt werden.

Zum Jahresende 1992 lief aufgrund des festgelegten Beschaffungs- und Modernisierungsprogramms die Instandhaltung der BVG-Straßenbahnfahrzeuge im Raw Schöneweide aus. Vier Jahre später, im Dezember 1996, schloss die Mittenwalder Gerätebau GmbH die T6/B6-Modernisierung ab und im April 1997 folgte aus Bautzen der letzte modernisierte KT4D. Damit besaß die BVG insgesamt 447 TATRA-Fahrzeuge – mithin sieben mehr als ursprünglich vorgesehen –, deren Einsatzdauer etwa 15 Jahre betragen sollte. Bereits vom 26. August 1994 an fuhren Niederflurbahnen auf der Linie 24 Warschauer Straße – Eberswalder Straße planmäßig. Ihr Einsatzgebiet sollte sich in kurzer Folge beträchtlich erweitern.

Neue Gleise und Strecken

Obwohl die Signale für den Ausbau des Berliner Straßenbahnnetzes längst auf Grün standen und immer wieder neue Erweiterungspläne zur Diskussion standen, stellte die BVG auf dem weniger frequentierten

Zu besonderen Anziehungspunkt für die Bevölkerung sind Tage der offenen Tür im Straßenbahnhof Niederschönhausen. Oldtimer unterschiedlicher Bauart vermitteln anschaulich ein Stück Berliner Nahverkehrsgeschichte

Ein Straßenbahnzug des Typs GT6 (damals MAN, später ADtranz, nun Bombardier) aus Bremen war im November 1991 für einige Tage in Berlin Gast und wurde getestet. Wenig später entschied sich die BVG für die Lieferung annähernd baugleicher Fahrzeuge

Abschnitt Adlershof – Altglienicke den Straßenbahnbetrieb zugunsten einer Buslinie am 1. Januar 1993 ein. Aus damaliger Sicht hätte dieser Abschnitt wegen der ungünstigen Gleisführung in einigen Straßen und meist verschlissener Gleise mit hohem Aufwand erneuert und zum Teil neu trassiert werden müssen. Die gelegentlich schon zu DDR-Zeiten geplante Aufgabe der Straßenbahn Köpenick – Adlershof konnte infolge massiver Einsprüche abgewiesen werden und steht seither nicht mehr zur Debatte.

Indes war auch von der Stilllegung des Pankower Netzes keine Rede mehr. Längere Abschnitte der dortigen Strecken wurden bis zum August 1994 saniert. Hinzu kam der Bau neuer Stromversorgungsanlagen, sodass die Reko-Straßenbahn-Züge schrittweise durch modernisierte TATRA-Fahrzeuge ersetzt werden konnten.

Am 14. Oktober 1995 rollte nach 28 Jahren wieder eine Straßenbahn auf dem Gebiet des ehemaligen West-Berlin für die reguläre Personenbeförderung. An jenem Tag ging

Der im Juli 1998 am Bahnhof Friedrichstraße eingetroffene Straßenbahnzug der Linie 50 besteht aus zwei modernisierten Tatra-Wagen des Typs T6

die neu aufgebaute Strecke Bornholmer Straße – Louise-Schroeder-Platz in Betrieb. Ihr folgte am 25. Oktober 1997 die Verlängerung bis zum Virchow-Klinikum.

Eine weitere Etappe zur Modernisierung der Straßenbahn in der Bundeshauptstadt wurde am 1. Juni 1996 mit dem Abschied von den letzten noch regulär eingesetzten Reko- und Gotha-Großraumzügen erreicht. Bis Ende Mai 1998 ersetzte die BVG sämtliche nicht modernisierten KT4D-Wagen. Sie erhielten zum größten Teil in Straßenbahnbetrieben ehemaliger Ostblock-Staaten eine neue Heimat. Am 20. Dezember 1997 wurde der Betrieb auf einer neuen Strecke im Bereich des Bahnhofs Berlin Friedrichstraße eröffnet. Sie ermöglicht einen direkten Übergang zur Regional-, S- und U-Bahn. Nach 32 Jahren „Zwangspause" fährt die Straßenbahn seit dem 18. Dezember 1998 auf einer neu verlegten Trasse wieder über den Alexanderplatz, um durch die Spandauer und Karl-Liebknecht-Straße zum Hackeschen Markt zu gelangen. Diese neu geschaffene Verbindung erfreut sich besonders großer Beliebtheit.

Am 17. Dezember 1999 stellte die BVG die ersten der 45 bestellten GT6-Bahnen in Zweirichtungsausführung in den Dienst. Unentbehrlich sind diese Fahrzeuge seit dem 25. Mai 2000 im Linienbetrieb. An diesem Tag wurde die Strecke auf der Warschauer Straße bis vor den dortigen S- und U-Bahnhof verlängert. Aus Platzgründen

Das hätten selbst die größten Straßenbahn-Liebhaber im ehemaligen Westteil Berlins Ende der 1980er-Jahre nicht für möglich gehalten: Nach 28 Jahren Pause rollt dort wieder die „Elektrische", hier die Eröffnungsfahrt mit einem GT6-Zug auf der Bösebrücke am S-Bahnhof Bornholmer Straße im Oktober 1995

konnte hier keine Wendeschleife angelegt werden, sodass die neue Endstelle mit einem Gleiswechsel ausgestattet werden musste, der wiederum den Einsatz Zweirichtungs-GT6 erfordert. Da die Einrichtung derartiger Anlagen bei späteren Streckenerweiterungen nicht ausgeschlossen ist, entschied sich die BVG für die Beschaffung von Zweirichtungsfahrzeugen, die sich außerdem bei Bauarbeiten im Pendelverkehr einsetzen lassen.

Zwei weitere neu gebaute Strecken nahm die BVG im Jahre 2000 in Betrieb. So konnte das Pankower Netz am 29. September 2000 durch den 1,7 Kilometer langen Abschnitt Französisch Buchholz – Buchholz Nord zur Erschließung des dortigen Neubaugebiets am um 1,7 Kilometer erweitert werden. Und die am 24. November 2000 in Köpenick eröffnete Strecke im Zuge der Müggelheimer Straße ersetzte eine zum Verkehrshindernis gewordene Streckenführung durch den dortigen Altstadtkern.

Weiterer Streckenausbau – aber wann?

Von den während der zurückliegenden Jahre zur Diskussion gestellten Erweiterungsprojekten der Straßenbahn in Berlin können im ersten Jahrzehnts des 21. Jahrhunderts kaum noch Einzelvorhaben verwirklicht werden, da dem Land Berlin angesichts seiner extrem hohen Verschuldung dafür das Geld fehlt. So zeugen von dem guten Willen zur Umsetzung der Ausbaupläne die bereits 1993 verlegten Gleise auf der Oberbaumbrücke (Richtung Schlesisches Tor), die 1998 installierten und Anfang 2004 wieder entfernten Weichen in der Karl-Liebknecht-Straße für die Verbindung Richtung Prenzlauer Tor und die Gleise in der Leipziger Straße zwischen Wilhelmstraße und Leipziger Platz. Ob sie in absehbarer Zukunft tatsächlich an das Gleisnetz der Straßenbahn angeschlossen werden, bleibt abzuwarten.

Bis 2006 soll lediglich die 68 Millionen Euro teure Verbindung von der Bernauer Straße zum Hauptbahnhof/Lehrter Bahnhof entstehen. Bereits für 2005 ist vorgesehen, dass die Straßenbahn bis zum Nordbahnhof fährt und ein Jahr später bis zum Hauptbahnhof/Lehrter Bahnhof. Diese Trasse wird übrigens ausschließlich im Straßenplanum verlegt. Ein eigener Bahnkörper ist nicht vorgesehen. Erst nach 2006 soll die Verbindung durch die Karl-Liebknecht-Straße zur Prenzlauer Allee hergestellt werden. Gegen die bereits im Juni 2000 auf der Leipziger Straße verlegten Gleise protestierten nicht nur einige Bundespolitiker, sondern auch der am Potsdamer Platz ansässige DaimlerChrysler-Konzern, weil man bei Wiedereinführung der Straßenbahn auf der stark frequentierten Straße mit empfindlichen Verkehrsproblemen rechnet.

Größtes Straßenbahnnetz in Deutschland

Trotz der Liquidierung des traditionsreichen Verkehrsmittels im ehemaligen Westteil der Stadt betreibt die BVG das größte Straßenbahnnetz in Deutschland. Derzeit befördert die Straßenbahn im Durchschnitt 500.000 Fahrgäste am Tag. Die Reisegeschwindigkeit konnte dank der in den letzten Jahren installierten Vorrang-Ampelschaltungen von 17,4 auf 19,6 km/h gesteigert werden. Ende 2003 standen für den Fahrgastverkehr 270 modernisierte KT4D bzw. KT4Dt, 118 T6 (modernisiert), 105 GT6 (Einrichtungsfahrzeuge) und 45 GT6 (Zweirichtungsfahrzeuge) zur Verfügung. Hinzu kommen 64 Beiwagen des Typs B 6, die die BVG aber derzeit nicht benötigt. Alle Fahrzeuge werden in der Werkstatt Marzahn instand gehalten und hauptuntersucht.

Neue Strecken und Fahrzeuge für die U-Bahn

Wie bereits angedeutet, wurden die an den „Transit"-U-Bahn-Strecken befindlichen Ostberliner Bahnhöfe vom 11. November 1989 bis 1. Juli 1990 wieder für den öffent-

Die M-Bahn verkehrte von 1983 bis 1991 auf einem Abschnitt der Ende 1971 stillgelegten Hochbahnstrecke im Bereich des Gleisdreiecks. Der Betrieb musste in Vorbereitung der Reaktivierung der U-Bahn-Verbindung aus Richtung Thälmannplatz (heute Mohrenstraße) aufgegeben werden

lichen Fahrgastverkehr in Betrieb genommen. Nach dem 9. November 1989 strebten beide Berliner Verkehrsbetriebe die baldige Reaktivierung der 1961 unterbrochenen U-Bahn-Strecken an. Beide Vorhaben erforderten jedoch beachtliche Bauarbeiten.
So war auf einem Abschnitt im Bereich des Gleisdreiecks ab 1983 eine M-Bahn-Versuchsstrecke entstanden, die vom 28. August 1989 an auch für den Fahrgastverkehr freigegeben wurde. Dieser Betrieb endete am 31. Juli 1991. Gleiches traf für die 1978 auf der stillgelegten Hochbahntrasse zwischen den Bahnhöfen Nollendorfplatz und Bülowstraße eröffnete Museumsstraßenbahn zu. Sie musste Mitte April 1991 ebenfalls aufgegeben werden, um die traditionelle U-Bahn-Strecke zwischen Mohrenstraße und Witten-

Auf dem Hochbahnviadukt gleitet die M-Bahn an den Verwaltungsgebäuden der Reichsbahndirektion Berlin entlang. Hier war der medizinsiche Stützpunkt für die bei der DR beschäftigen West-Berliner in Gestalt einer Poliklinik untergebracht. Das Foto auf Seite 32 ist in etwa vom gleichen Standort aufgenommen worden und lässt einen eindrucksvollen Vergleich der Situationen um 1937 und 1991 zu

bergplatz wieder herzurichten. Der durchgehende Betrieb zwischen Pankow (Vinatestraße) und Ruhleben konnte am 13. November 1993 aufgenommen werden. Ebenso wurde mit beträchtlichem Aufwand die seit 1961 stillgelegte Hochbahnstrecke zwischen den Bahnhöfen Schlesisches Tor und Warschauer Brücke (heute U-Bahnhof Warschauer Straße) aufgebaut. Seit dem 14. Oktober 1995 steht dieser Abschnitt wieder für den regulären Verkehr zur Verfügung. Trotz ständig wachsender finanzieller Engpässe konnten in den 1990er-Jahren weitere Streckenabschnitte in Betrieb genommen werden. Die dafür notwendigen Bauarbeiten waren zum größten Teil bereits vor dem Fall der Mauer in Angriff genommen worden. Nach rund zehnjähriger Bau-

Oldtimer-Betrieb auf der U 8 am 15. März 1990. Im U-Bahnhof Leinestraße steht die Tunnel-Eule, der Wagen 131 des Typs B I, zur Abfahrt bereit

An einem Tag der offenen Tür in der U-Bahn-Betriebswerkstatt Friedrichsfelde stehen die Triebwagen 262 (Kleinproil, Typ A I) und 66 (Großprofi, Typ B I) nebeneinander

zeit eröffnete die BVG am 24. September 1994 die Strecke Paracelsusbad – Wittenau, Wilhelmsruher Damm. Und am 13. Juli 1996 folgte der kurze Abschnitt Leinestraße – Hermannstraße mit Anschluss an die Ringbahn. Noch im selben Jahr wurden die Bahnsteige auf dem Abschnitt Kochstraße – Reinickendorf von 80 auf 100 bis 110 Meter verlängert, um von der Halbzug- auf eine Dreiviertel-Zugstärke übergehen zu können. Und schließlich entstand im Ergebnis der Vorarbeiten der Strecke zur geplanten Werkstatt Granitzstraße die zusätzliche Verbindung von der Pankower Vinetastraße zum S-Bahnhof Pankow. Sie wurde am 16. September 2000 der Öffentlichkeit übergeben.

Kein Geld für weitere Strecken

Noch Mitte der 1990er-Jahre sollten weitere U-Bahn-Strecken hinzukommen. Da das dafür erforderliche Geld in absehbarer Zeit nicht zur Verfügung stehen würde, mussten die Pläne auf Eis gelegt werden. Zu den wichtigsten Erweiterungsvorhaben gehören die Strecken Malchow/Weißensee – Alexanderplatz, Steglitz – Lankwitz (Großprofil) und S-Bahnhof Pankow – Rathaus Pankow (Kleinprofil). Die außerdem vorgesehene Verbindung Jungfernheide – Flughafen Tegel hat aufgrund des Bauvorhabens „Großflughafen Berlin-Brandenburg international“ in Schönefeld keine Perspektive mehr. Ebenso wird derzeit eine Verlängerung der

100 Jahre U-Bahn in Berlin – 2002 wurde dieses Jubiläum unter anderem durch den Einsatz von Museumszügen von und nach Warschauer Straße (bis 1961 Warschauer Brücke) festlich begangen

Strecke von Rudow nach Schönefeld wegen zu geringer Verkehrsströme nicht weiter verfolgt. Gleiches trifft für das Erweiterungsprojekt Krumme Lanke – Düppel zu.

Das einzige Vorhaben, dem längerfristig eine Chance eingeräumt wird, ist die Vollendung der U 5 Alex – Brandenburger Tor – Hauptbahnhof/Lehrter Bahnhof. Der Tunnelrohbau für diese Strecke ist zwischen Brandenburger Tor und Hauptbahnhof/Lehrter Bahnhof bereits fertig gestellt worden. Im Jahre 2006 soll ein Inselbetrieb Hauptbahnhof/Lehrter Bahnhof – Brandenburger Tor aufgenommen werden. Der Abschnitt Brandenburger Tor – Alexanderplatz wird nach den Erkenntnissen des Jahres 2004 erst bis 2020(!) eröffnet.

Gegenwärtig konzentriert sich die BVG auf die Generalsanierung der vorhandenen Strecken und Bahnhöfe. Dazu gehört die Ende 2003 abgeschlossene Erneuerung des Abschnitts Alexanderplatz – Frankfurter Allee. 2004 wurden diese Arbeiten zwischen Frankfurter Allee und Lichtenberg fortgeführt.

Neue und moderne Fahrzeuge

Ende September 1993 endete die U-Bahn-Instandsetzung im Raw Schöneweide. Diese Arbeiten übernahmen nun wieder die U-Bahnhauptwerkstätten der BVG. Um Kosten zu sparen, wurde die Hauptwerkstatt für Kleinprofilfahrzeuge in Grunewald zum 1. Januar 2003 geschlossen. Sämtliche Hauptuntersuchungen werden seitdem in der bis dahin nur für die Großprofilfahrzeuge zuständigen Hauptwerkstatt Seestraße ausgeführt.

Am 8. Juli 1994 endete der planmäßige Einsatz der Züge des Typs EIII. Obwohl die letzten dieser ausschließlich aus S-Bahnfahr-

Auf den vorbildlich restaurierten Hochbahnbögen im Bereich Warschauer Brücke veranschaulichen am 15. Februar 2002 eindrucksvoll die einhundert Jahre zuvor vorhandene Situation. Nur die „neuzeitlichen" Automobile muss man geflissentlich übersehen…

Obwohl die aus S-Bahnen der Reihe 275 entstandenen Großprofil-U-Bahn-Wagen des Typs E III zum Teil erst wenige Jahre alt waren, wurden sie bereits 1994 aus dem Verkehr gezogen. Ein in Ferchland bei Jerichow (Sachsen-Anhalt) ansässiger Unternehmer verschrottete zahlreiche E III-Wagen. Die Aufnahme zeigt einen Teil der dort „aufgestapelten" Fahrzeuge am 4. März 1995, unter ihnen die mit den Nummern 1956, 1908 und 1946

zeugen hergestellten Wagen erst 1990 in Dienst gestellt wurden, hatte sich die BVG für diesen Schritt infolge der hohen Betriebs-, Wartungs- und Instandhaltungskosten entschieden. Dafür sorgten 1996 die Prototypen der neu entwickelten Großprofil-Züge der Bauart H für Aufsehen. Diese 6-Wagen-Einheiten ermöglichen den Fahrgästen einen wesentlich größeren Bewegungsraum und erhöhen damit deren subjektive Sicherheit. Von 1996 bis 2002 wurden 46 Einheiten in Dienst gestellt. Außerdem ließ die BVG derartige Fahrzeuge für die Kleinprofil-Strecken als 4-Wagen-Zug entwickeln. Im Oktober 2001 wurden vier derartige und als Bauart HK bezeichnete Züge gebaut. Über Folgebestellungen ist nichts bekannt. Ende 1999 testete die BVG zwischen Friedrichsfelde und Biesdorf-Süd in den Nachtstunden eine fahrerlose U-Bahn. Ende Oktober 2003 mussten diese Versuche eingestellt werden, da keine Fördermittel für die Erweiterung dieser Technologie zur Verfügung stehen. Bereits zuvor waren in West-Berlin Erfahrungen mit fahrerlosen U-Bahnen gesammelt worden. So ab Mitte der 1970er-Jahre auf der Strecke Osloer Straße – Rathaus Steglitz, vor Aufnahme des Magnetbahn-Versuchsbetriebs zwischen

Ein Zug des Typs G I am 11. März 2002 in der Nähe des U-Bahnhofs Gleisdreieck. Rechts der Fernsehturm am Alexanderplatz

Ein Kleinprofil-Zug verlässt am 3. Juli 2001 den U-Bahnhof Möckernbrücke in Richtung Hallesches Tor. Links der Landwehrkanal

Ein U-Bahn-Kleinprofil-Zug rollt 24. Februar 2002 über die vorbildlich restaurierte Oberbaumbrücke. Die beiden, im Zweiten Weltkrieg stark beschädigten Türme wurden im Übrigen einem Torturm der Stadtbefestigung im uckermärkischen Prenzlau nachempfunden

Kemperplatz und Potsdamer Platz 1977 bis 1982 und vom Sommer 1981 an auf der Strecke Innsbrucker Platz – Nollendorfplatz.

Auf dem 144 Kilometer langen U-Bahn-Netz für den öffentlichen Verkehr wurden 2003 etwa 400 Mio. Fahrgäste befördert. Die BVG betreibt 170 Bahnhöfe, von denen 79 unter Denkmalschutz stehen. Insgesamt 3.150 Mitarbeiter sind für den Betrieb auf zehn Linien mit einer Linienlänge von 151,7 Kilometern zuständig. Ende 2003 waren 870 Großprofil- und 535 Kleinprofilwagen vorhanden.

Ein faszinierender Weg zur modernen S-Bahn

Schon einen Tag nach dem Mauerfall am 9. November 1989 begann zwischen der von der Deutschen Reichsbahn betriebenen S-Bahn in Ostberlin und der BVG eine Zusammenarbeit, die zuvor kaum vorstellbar gewesen wäre. Bereits am 10. November 1989 erhielt die BVG unbürokratische Hilfe von der Deutschen Reichsbahn mit acht Viertelzügen der Baureihe 275, da ansonsten der Ansturm auf die BVG-S-Bahn nicht zu bewältigen gewesen wäre. Wegen der von der Deutschen Reichsbahn abweichenden Funktechnik konnten diese Fahrzeugeinheiten nur in die Mitte der Züge eingereiht werden. In den folgenden Wochen kam es allerdings von Zeit zu Zeit zum Austausch der Ostberliner Viertelzüge, da sie in den dortigen Betriebswerken gewartet werden mussten.

Schon im Februar 1990 verabschiedete der West-Berliner Senat ein Programm zur Wiederherstellung der S-Bahnstrecken Frohnau – Hohen Neuendorf, Lichtenrade – Mahlow – Blankenfelde, Neukölln – Baumschulenweg, Wannsee – Potsdam Stadt und zur Verknüpfung der S-Bahnstrecken im Bereich Bornholmer Straße. Für die planerischen und einige praktische Vorarbeiten wurden zunächst 50 Mio. DM bereit gestellt. Indes hatte die Deutsche Reichsbahn am 22. Januar 1990 einen S-Bahn-Vorlaufbetrieb mit lokbespannten Doppelstockzügen zwischen Wannsee und Potsdam Hauptbahnhof (heute Potsdam Pirscheide) aufgenommen.

Vom 2. Juli 1990 an fuhren die S-Bahn-Züge wieder durchgehend und ohne Grenzkontrollen von Ost nach West und umgekehrt über den Bahnhof Friedrichstraße. Die Voraussetzungen dafür waren innerhalb kürzester Zeit durch den Umbau der Gleisanlagen und die Veränderung der Sicherungstechnik geschaffen worden. In diese Zeit fiel zudem die Wiedereröffnung der Bahnhöfe der Nord-Süd-S-Bahn auf Ostberliner Gebiet mit Ausnahme des Bahnhofs Potsdamer Platz, der aufgrund seines desolaten Zustands erst entsprechend herzurichten war.

Gleise auf alten Trassen

Mit der deutschen Einheit am 3. Oktober 1990 wurden unter anderem die Deutsche Bundesbahn, die Deutsche Reichsbahn und das ehemalige Reichsbahnvermögen Sondervermögen der Bundesrepublik Deutschland. Ebenso sah der Einigungsvertrag vor, dass die BVG bis zur Vereinigung der beiden deutschen Staatsbahnen, Anfang 1994, Betreiber der S-Bahn auf dem Gebiet des ehemaligen West-Berlin bleiben sollte.

Im Winter 1990/91 begannen die Vorarbeiten zum Wiederaufbau der S-Bahn-Verbindungen ins Umland, wobei die S-Bahn-Strecke in die Landeshauptstadt Potsdam Priorität hatte. Nacheinander wurden eröffnet: Wannsee – Potsdam Stadt am 1. April 1992, Frohnau – Hohen Neuendorf am 31. Mai 1992 und Lichtenrade – Mahlow – Blankenfelde am 31. August 1992.
Große Investitionen erforderte die Grundinstandsetzung des Nord-Süd-Tunnels. Seit 1947 waren im Tunnel lediglich laufende Unterhaltungsarbeiten ausgeführt worden. Im Interesse einer zügigen Generalsanierung wurde der Nord-Süd-S-Bahn-Tunnel vom 2. April 1991 bis zum 1. März 1992 abschnittsweise gesperrt.

„Stadtbahn-Moderne" am Alexanderplatz im August 2001. Die Triebwagenzüge der Baureihe 477 wurden im Verlaufe des Jahres 2003 für den Planeinsatz enbehrlich und zum größten Teil ausgemustert

Die vor der Wende von der BVG in Angriff genommene Reaktivierung des Ringbahnabschnitts Westend – Köllnische Heide wurde um den Neubau der Teilstrecke Köllnische Heide – Baumschulenweg erweitert. Am 17. Dezmber 1993 konnte die Gesamtstrecke feierlich eröffnet werden. Den Betrieb übernahm nicht mehr die BVG, sondern die Deutsche Reichsbahn, die 14 Tage später, mit der Deutschen Bundesbahn vereint, zur Deutschen Bahn AG werden sollte.

Die S-Bahn als GmbH

Die Gleichstrom-S-Bahn wurde am 1. Januar 1995 mit dem bisherigen Werk Schöneweide, nunmehr als Hauptwerkstatt, ein eigenständiges Unternehmen: die S-Bahn Berlin GmbH der Deutschen Bahngruppe als Eisenbahn-Verkehrsunternehmen (EVU). Ihr gehören die Fahrzeuge und die dazugehörigen Instandhaltungsanlagen, jedoch nicht die übrige Infrastruktur, das heißt Gleisanlagen, Bahnhöfe und Hochbauten. Die im Eisenbahnneuordnungsgesetz festgelegte Bestellung des Schienenpersonennahverkehrs ist seit dem 1. Januar 1996 Sache der Bundesländer, die auch den größten Teil der bestellten Leistungen zu bezahlen haben. Im Falle der Berliner S-Bahn sind dies in erster Linie das Land Berlin, für die Strecken außerhalb der Stadtgrenze jedoch auch das Land Brandenburg. Zusätzlich finanziert der Bund die Wiederherstellung der 1961 unterbrochenen S-Bahn-Strecken, sofern dies die Verkehrsströme rechtfertigen. Allein dafür flossen von 1990 bis 2000 etwa zwei Milliarden Euro, bis 2006 sollen noch einmal 1,5 Mrd. Euro zur Verfügung stehen.

Weitere Strecken in der Stadt und ins Umland

Vom 28. Mai 1995 an fuhren die Züge nach knapp elfjähriger Unterbrechung wieder von Priesterweg nach Lichterfelde Ost und ab 25. September 1998 weiter bis Lichterfelde Süd. Die Erweiterung der Strecke bis nach Teltow war Anfang 2004 in vollem Gang. Allerdings wird die S-Bahn nicht mehr – wie zwischen 1951 und 1961 – zum Bahnhof Teltow an der zur Zeit in diesem Bereich unterbrochenen Anhalter Bahn führen, sondern zum neu im Bau befindlichen Bahnhof Teltow Stadt auf der bereits teilweise ab 1938 geschaffenen, aber durch die Kriegsereignisse nicht vollendeten Trasse für die S-Bahn-Strecke Lichterfelde Süd – Teltow Stadt – Stahnsdorf. Den Bau der Strecke Teltow Stadt – Stahnsdorf und den Wiederaufbau der 1961 stillgelegten Stichbahn Wannsee – Stahnsdorf schließt das Land Brandenburg für spätere Jahre nicht aus; die Trasse darf jedenfalls nicht überbaut werden. Ab Dezember 2004 fahren die Züge von und nach Teltow Stadt.

Am 13. September 1990 schleppte der Triebwagen 275 625 seinen jungen Bruder, den 480 006, nach Tegel

Im Jahr 1993 kam die möglichst baldige Inbetriebnahme der Strecke Schönholz – Tegel ins Gespräch. Dieser Abschnitt war zwar im Januar 1984 für den öffentliochen Verkehr stillgelegt worden, aber unter anderem wegen der dort ansässigen Waggon-Union, die im Auftrage der BVG die alten Züge der Baureihe 275 erneuert hatte, für Überführungs- und Abnahmefahrten weiter genutzt worden. Die Strecke wurde provisorisch erneuert und ebenfalls am 28. Mai 1995 eröffnet. Dagegen erwiesen sich die Aufwendungen für die Reaktivierung der Strecke Tegel – Heiligensee – Hennigsdorf (b Berlin) als wesentlich umfangreicher, da die Bahndämme im Bereich der Grenzanlagen, aber auch im Zuge des nach 1984 erbauten Autobahnzubringers in Richtung Berliner Ring abgetragen worden waren. Hennigsdorf besitzt seit dem 15. Dezember 1998 wieder S-Bahn-Anschluss. Bis 2006 soll die gesamte Strecke soweit ausgebaut werden, dass der derzeitige 20-Minuten-Verkehr auf ein 10-Minuten-Verkehr verdichtet werden kann.

Ebenfalls in Etappen wurde die Strecke nach Spandau eröffnet, da gleichzeitig die Fernbahnanlagen im Zuge der Hochgeschwindigkeitsstrecke Richtung Hannover neu verlegt wurden und ein neuer Fernbahnhof in Spandau entstand. Zunächst rollten die S-Bahnen ab 16. Januar 1998 bis Pichelsberg, seit dem 30. Dezember 1998 jedoch bis Spandau.

Noch umfangreichere Arbeiten waren zur Schließung des S-Bahn-Rings erforderlich, da teilweise Trassen völlig neu gebaut werden mussten. Außerdem waren spätere Bauvorhaben – so eine neue S-Bahn-Strecke vom Nordring zum Potsdamer Platz mit Anschluss an den Hauptbahnhof Lehrter Bahnof – zu berücksichtigen. Der Abschnitt Westend – Jungfernheide wurde am 15. April 1997 eingeweiht. Die Teilstrecken Treptower Park – Neukölln sowie Jungfernheide – Westhafen konnten am 18. bzw. 19. Dezember 1997 für den öffentlichen Verkehr freigegeben werden. Erst am 15. Juni 2002 wurde der Ring, die legendäre Strecke ohne Ende, wieder geschlossen.

Von 1928 bis 2003 gehörte dieser Handgriffe zum täglichen Brot eines S-Bahn-Triebfahrzeugführers: Die linke Hand berührt den als Totmannknopf ausgebildeten Fahrschalter, die rechte Hand das Führerbremsventil

Anfang 2004 fand auf 328 Kilometern Strecken S-Bahn-Verkehr statt, davon wurden 245 Kilometer zweigleisig betrieben. Auf etwa zehn Kilometern gibt es noch Mischbetrieb. Zum Vergleich: Vor dem Mauerbau im Jahre 1961 fuhren die gelb-roten Gleichstromzüge auf einer Streckenlänge von 340 Kilometern.

Pläne ab 2006

Als ziemlich sicher gelten die Streckenerweiterungen zum Großflughafen Schönefeld, Nordring – Hauptbahnhof (– Potsdamer Platz) und Wartenberg – Sellerheimbrücke von 2006 an. Außerdem wird der Neubau des Bahnhofs Ostkreuz – dafür gab es bereits zu DDR-Zeiten mehrere Projektstudien – den S-Bahnbetrieb wesentlich verbessern. Im Gespräch, aber noch nicht entschieden, ist Wiederaufnahme des S-Bahn-Betriebs auf dem Abschnitt Hennigsdorf (b Berlin) – Velten (Mark) und der Neu- und Wiederaufbau der Verbindung Teltow Stadt – Stahnsdorf – Wannsee. Um den Bau der Strecke Spandau – Falkensee, möglicherweise sogar bis Finkenkrug, ist sowohl bei den Politikern als auch in der Bevölkerung ein Streit über das Für und Wider ausgebrochen, der alle bisherigen Diskussionen um S-Bahn-Verbindungen in den Schatten stellt. Bedarf ist vorhanden, zumal die Stadt Falkensee seit 1990 stark gewachsen ist und der

Am 21. Dezember 2001 wartet auf dem Berliner Ostbahnhof ein Zug der Bauriehe 477 auf den Abfahrauftrag nach Erkner

derzeitige Regionalzugverkehr der Deutschen Bahn die gewaltigen Anforderungen kaum noch bewältigen kann. Weil außerdem die Fernbahngleise für einen zeitgemäßen ICE-Verkehr nach Hamburg künftig noch intensiver genutzt werden, stehen die Chancen für eine Verlängerung der S-Bahn-Strecke nach Falkensee und darüber hinaus nicht schlecht. Ansonsten wird der Ausbau der bestehenden Streckeninfraktstruktur vorangetrieben. Einige noch immer eingleisige Strecken sollen ein zweites Gleis erhalten. Dazu gehört der Abschnitt Wannsee – Potsdam Hbf (bis 1999 Potsdam Stadt). Auch dafür sind immense Investitionen erforderlich, vor allem deshalb, weil die BVG im Zuge der Modernisierung der damaligen S-Bahnbetriebswerkstatt Wannsee das eine, bis 1961 betriebene Potsdamer Streckengleis der S-Bahn in den 1980er-Jahren völlig überbaut hat. Während der West-Berliner Senat bei Verkehrsbauvorhaben aller Art ansonsten immer bemüht war, ein möglicherweise später wieder vereinigte Stadt im Auge zu behalten, dachte Mitte der 1980er-Jahre niemand daran, dass dazu auch ein S-Bahn-Betrieb nach Potsdam gehören könne. Hinzu kommt, dass gerade eine solche Möglichkeit in den vertraulichen Verhandlungen beider Seiten über die Übernahme der S-Bahn durch den West-Berliner Senat Ende 1983 ins Gespräch gebracht worden, aber von Ostberliner Seite nicht gewünscht war.

Priorität genießt außerdem die Einführung neuester Sicherungstechnik, die im endgültigen Ausbauzustand von zwei elektronischen Stellwerken gesteuert werden wird. Darüber hinaus wird die Betriebssicherheit durch die Einführung der Balustechnik als Ersatz für die seit 1927 übliche mechanische Fahrsperre erhöht werden. Sie löst beim Vorbeifahren am Halt zeigenden Signal die Zwangsbremsung aus.

Ab 2003 nur noch moderne Züge

Einen Schwerpunkt bei der Modernisierung der Berliner S-Bahn bildete die Ablösung der veralteten Fahrzeuge der Baujahre 1927 bis 1943 [Baureihen 475 (bis 1991: 275), 476.1 (bis 1991: 276.1) und 477 (bis 1991: 277)]. Es gelang in vergleichsweise kurzer Zeit, einen völlig neuen Halbzug mit der Baureihenbezeichnung 481 auf das Gleis zu stellen, in den die Erfahrungen mit den vor der Wiedervereinigung Deutschlands entwickelten Zügen der Baureihen 480 (BVG) und 485 (bis 1991: 270; DR) einflossen. Jeder Viertelzug erhielt im Gegensatz zur Reihe 480 nur einen Führerstand, ist 100 km/h schnell und technisch und wagenbaulich nach den modernsten Gesichtspunkten konstruiert worden, wobei die durch einen Faltenbalk verbundenen Viertelzüge durchgehend begehbar sind. Im Februar 1996 stand ein Baumusterzug zur Verfügung, der im Dezember 1996 im Fahrgastbetrieb getestet werden konnte. Bereits im Frühjahr 1997 begann die Serienherstellung, wobei diverse Unzulänglichkeiten erst nach zunehmenden Betriebserfahrungen beseitigt werden konnten. Die 500 Viertelzüge umfassende Serie soll bis Mitte 2004 vollständig ausgeliefert sein. Anfang 2003 erhielt die S-Bahn Berlin GmbH anstelle von sechs Viertelzügen drei durchgängig begehbare Halbzüge. Mit diesen Fahrzeugeinheiten sollten Erfahrungen gesammelt werden.

Als wenig erfolgreich erwies sich der Umbau eines Viertelzuges der Baureihe 485 zur Duo-S-Bahn durch den Einbau eines dieselbetriebenen Generators. Die Fahrzeuge sollten zeigen, ob nicht mit Stromschienen ausgerüstete Vorortstrecken im Durchlauf attraktiver bedient werden können. Versuche auf der Relation Oranienburg – Birkenwerder – Hennigsdorf (b Berlin) fanden planmäßig im Fahrgastverkehr von 1994 bis 1995 statt. Der Viertelzug war im Dieselbetrieb zu langsam; teilweise hätten die Bahnsteigkanten angepasst werden müssen. Die Versuche wurden abgebrochen.

Bereits 1997 hatten die Züge der Baureihe 475 ausgedient. Damit verschwand auf Ber-

Während der Sanierung der Stadtbahnviadukte eröffneten sich im Oktober 1996 einmalige Blicke in das Mauerwerk. Die Aufnahme entstand zwischen den Stationen Bellevue und dem inzwischen nicht mehr existierenden Lehrter Stadtbahnhof

lins Schienen zweifelsfrei nach sieben Jahrzehnten eine Legende. Die genieteten Wagenkästen und die Geräuschkulisse dieser Züge waren weit über die Grenzen der Stadt hinaus bekannt und das nicht nur bei Eisenbahnfreunden. Drei Jahre später rollten die Züge der Baureihe 476.1 aufs Abstellgleis und 2003 folgten die Züge der Baureihe 477. Seitdem sind bei der Berliner S-Bahn keine Altbaufahrzeuge mehr im Planeinsatz. Wohl aber blieben einige Fahrzeuge unterschiedlicher Bauart für die Nachwelt erhalten, die in Zusammenarbeit mit der S-Bahn Berlin GmbH durch den Historische S-Bahn e.V. liebevoll betreut, gewartet, instand gesetzt und restauriert werden.

Sorgen und Kämpfe um das liebe Geld

Unlängst führte die S-Bahn Berlin GmbH harte Auseinandersetzungen mit dem Senat von Berlin über die laut Regionalisierungsgesetz fälligen Zuschüsse für den S-Bahnbetrieb von monatlich 18,9 Mio. Euro. Sie wurden senatsseitig im Sommer 2003 um 5,5 Mio. je Monat gekürzt. Die S-Bahn drohte daraufhin mit der Stilllegung bestimmter Strecken. Im Dezember 2003 einigten sich beide Seiten. Der Vertrag wurde erneuert und berücksichtigt einen Zeitraum von 15 Jahren. Allerdings muss die S-Bahn Berlin GmbH jetzt mit 26 Mio. Euro weniger im Jahr als bisher auskommen.

Für Unruhe sorgte Ende 2002 ebenso das Angebot des Bahnbetreibers Connex, sich für die Übernahme der zur Ausschreibung stehenden Leistungen auf der Ringbahn zu bewerben. Doch dürfte eine solche Aufgabe in einem eng verflochtenen S-Bahn-Netz technologisch kaum zu verwirklichen sein.

Noch besorgniserregender stellt sich am Beginn des 21. Jahrhunderts die finanzielle Situation der BVG dar. Dieser „Eigenbetrieb von Berlin" ist stark verschuldet und eine deutliche Entspannung scheint nicht in Sicht zu sein. Schon 1998/99 gab es deshalb Bemühungen bestimmter Kreise, die BVG mit der S-Bahn zu fusionieren. Da aber eine solche „Mega-Fusion" zu einer Monopolstellung führen würde, wäre sie im Interesse eines sauberen Wettbewerbs ungesund und wurde schließlich zurückgewiesen. Die BVG hatte 2002 eine Milliarde Euro Schulden. Diese Summe soll mithilfe einer durchgreifenden Rationalsierung, beispielsweise durch die Abschaffung von Parallelverkehren von Bahnen und Bussen, der Ausdünnung bestimmter Angebote und durch Personaleinsparungen, zurückgefahren werden.

Nieder - Schöneweide - Johannisthal
ALLGEMEINE ELEKTRICITÄTS - GESELLSCHAFT BERLIN
110

Stiefkind Obus

Obwohl der Obus nicht zu den Schienennahverkehrsmitteln gehört, soll an ihn erinnert werden. Immerhin fuhr in Berlin 1882 der erste Obus der Welt, wenngleich dieser Begriff erst Jahrzehnte später gebräuchlich wurde. Lange Zeit galt der Obus bei einem bestimmten Fahrgastaufkommen als ein optimales Verkehrsmittel. Er war dann wirtschaftlich, wenn die instandhaltungsintensiveren Omnibusse in dichtem Takt verkehren mussten, aber wiederum der Bau einer Straßenbahn nicht gerechtfertigt schien. Durch die zügige Fahrt und das hohe Beschleunigungsvermögen erfreute sich Obusse bei den Fahrgästen großer Beliebtheit. Eine ernsthafte Konkurrenz zu den mit Verbrennungsmotoren angetriebenen Verkehrsmitteln wurde der Obus in Westeuropa häufig dann, wenn im gesamtvolkswirtschaftlichen Interesse die Verwendung „einheimischer Energieträger" gefördert wurde.

Die AEG betrieb vom Dezember 1904 bis zum Februar 1905 zwischen Niederschöneweide und Johannisthal diese „Gleislose Bahn", einem Vorläufer des Obusses. Offensichtlich scheint sich das Verkehrsmittel nicht bewährt zu haben, deren kurze Existenz lässt jedenfalls darauf schließen

Das war der Fall im Deutschen Reich besonders ab 1933 ebenso wie im geteilten Nachkriegsdeutschland und während der 1980er-Jahre in der DDR. Mit der ständigen, bis heute anhaltenden Weiterentwicklung des Autobusses und der preisgünstigen Beschaffung von flüssigen Brennstoffen wurde dem Obus allmählich der Wind aus den Segeln genommen. Neuerdings stellen die enormen Fortschritte beim Bau moderner Verbrennungsmotoren zunehmend die bisher herausgestellte Umweltfreundlichkeit des Obusses in Frage. Doch zurück nach Berlin, zur Wiege dieses zwar nicht schienen-, aber dennoch spurgebundenen Verkehrsmittels.

Eine Kutsche mit Elektromotor – der erste Obus

Kein anderer als Werner Siemens entwickelte den ersten Obus auf der Welt. Er verkehrte vom 29. April 1882 an auf einer 540 Meter langen Versuchsstrecke in Halensee. Siemens bezeichnete seine neue Erfindung schlicht als „electromote". Das eingesetzte Fahrzeug bestand aus einer Kutsche mit zwei Elektromotoren, die je 2,2 kW leisteten. Offensichtlich bewährte sich der Betrieb nicht – er endete bereits am 13. Juni 1882.

Den nächsten „Versuchs-Obus" gab es im damals noch nicht zu Berlin gehörenden Niederschöneweide. Die Anlagen für den „gleislosen elektrischen Omnibus" wurden im August 1904 genehmigt. Er verkehrte vom 5. Dezember 1904 bis zum 4. Februar 1905 zwischen dem heutigen Bahnhof Schöneweide und Johannisthal. Einen weitere „Gleislose Bahn" ließ sich die bis 1919 zum Landkreis Teltow gehörende Gemeinde Steglitz errichten. Der Betrieb wurde 20. April 1912 eröffnet und musste am 31. Juli 1914 aufgegeben werden, da man die Kupferfahrdrähte für Kriegszwecke beschlagnahmte.

Die Stromabnahme für diese Fahrzeuge war kompliziert. Auf der zweipoligen Fahrleitung bewegten sich Kontaktwagen auf Rädern, die vom Stromzuführungskabel mitgeschleppt wurden. Kamen in Niederschöneweide sattelschlepperähnliche Fahrzeuge zum Einsatz, waren es in Steglitz zweiachsige Wagen ohne Plattform.

Zunächst in Staaken und Steglitz

Auf das nach dem Ersten Weltkrieg vor allem in England und den USA weiterentwickelte Obussystem wurde auch die BVG aufmerksam. Sie hielt die Einführung des neuen Verkehrsmittels im Westen und Süden von Groß-Berlin für sinnvoll.

Zunächst wurde die Verbindung zwischen dem damaligen Spandauer Hauptbahnhof – heute befindet sich an seiner Stelle der S-Bahn-Haltepunkt Stresow – und dem Ortsteil Staaken am 24. Dezember 1933 eröffnet. Die Streckenlänge betrug 6,7 Kilometer und die Obusse waren mit Rollen-

Mit diesen von den Firmen AEG, Büssing und Christoph & Unmack gebauten Dreiachsern wurde der BVG-Obus-Verkehr im Dezember 1933 von Spandau nach Staaken aufgenommen

stromabnehmern ausgerüstet. Am 2. Mai 1935 eröffnete die BVG im Stadtbezirk Steglitz die Obus-Linie Breitenbachplatz – Marienfelde (9,4 Kilometer), der am 23. April 1942 die Linie Bahnhof Steglitz – Mariendorf, Kaiserstraße, mit 4,8 Kilometern Länge folgte. Letztere bediente übrigens einen Bereich, der bis 1930 von einer meterspurigen Straßenbahnstrecke der früheren Teltower Kreisbahnen erschlossen und anschließend durch Autobusse ersetzt worden war.

Die BVG machte mit beiden Obus-Netzen gute Erfahrungen. Gegenüber dem Autobusbetrieb brachte der Obus kürzere Fahrzeiten. Wirtschaftlich hatte die elektrische Traktion insofern Vorteile, als Strom in jener Zeit recht preisgünstig eingekauft werden konnte. Kriegsbedingt wurde die Linie Steglitz – Mariendorf am 22. Januar 1945 eingestellt. Auf den beiden anderen Strecken konnte der Obus-Verkehr noch bis zum 12. April 1945 aufrechterhalten werden.

Aufgrund des empfindlichen Strom- und Reifenmangels ruhte nach Kriegsende der Obus-Verkehr längere Zeit, obwohl Generaloberst Bersarin in seinem am 28. April 1945 erlassenen Wiederaufbaubefehl zur Inbetriebnahme des „städtischen Nahverkehrs" ausdrücklich den „Trolleybus" einbezogen hatte. Die Obusse rollten erst wieder vom 10. Mai 1948 an und zwar zwischen Steglitz und Mariendorf. Im Juli und August 1949 wurde der Obus-Verkehr auf den anderen beiden Strecken in den Bezirken Steglitz und Spandau aufgenommen.

Der Betrieb zwischen Spandau und Staaken endete ziemlich überraschend am 17. Dezember 1952, weil die im Zuge des Nennhauser Damms verlaufende Fahrleitung nicht mehr benutzt werden konnte. Auf der Mitte dieser Straße verlief nämlich die Grenze zwischen West-Berlin und der DDR, die plötzlich abgesperrt wurde. Die Fahrleitung in diesem Bereich konnte erst zehn Jahre später abgebaut werden.

Anfang der 1960er-Jahre entschied sich die BVG für die ausschließlichen Einsatz von Dieselbussen, der sicherlich auch mit der Abschaffung der Straßenbahn im Zusammenhang stand. Am 16. Oktober 1961 wurden die Obusse zunächst auf der Strecke Steglitz – Mariendorf durch Autobusse ersetzt. Am 22. März 1965 folgte Umstellung der Verbindung Breitenbachplatz – Marienfelde. Die Obus-Geschichte West-Berlins endete damit.

Die BVG beschaffte für den Betrieb ihrer Strecken zunächst ausschließlich dreiachsige Fahrzeuge. Hersteller der elektrischen Ausrüstungen waren die AEG, BBC und SSW. Die Fahrgestelle lieferten Büssing, MAN und Daimler Benz. Vor dem Zweiten Weltkrieg bestellte die BVG sechs dreiachsige Doppelstock-Obusse. Die für Ende 1941 angekündigten Fahrzeuge trafen jedoch nie in Berlin ein. Dafür kamen 1944 drei Alfa-Romeo-Wagen aus Rom hinzu. Von 1945 bis 1947 gelang der Wiederaufbau von neun Obussen aus zerstörten Fahrzeugen. Daran waren die AEG, Henschel und die Karosseriefabrik Schumann in Werdau (Sachsen) beteiligt. In den Jahren 1956 und 1957 beschaffte die BVG-West sieben fabrikneue Obusse von der AEG und Henschel. Es waren die ersten zweiachsigen Wagen, die in Steglitz zum Einsatz kamen. Von 1941 bis 1951 führten die Obusse auch Anhänger mit, die überwiegend von der Firma Gaubschat in Berlin-Neukölln gefertigt worden waren.

Der Betriebshof Spandau befand sich bis 1945 auf dem Gelände des dortigen Straßenbahnhofs. Die 1,6 Kilometer lange Zufahrt führte zum großen Teil über einen zwischen beiden Fahrdrähten der Straßenbahn gespannten Minusfahrdraht. Nach dem Zweiten Weltkrieg richtete die BVG in einer von Orenstein & Koppel angemieteten Werkhalle ein neues Obus-Depot ein. In Steglitz befand sich das 1942 erheblich erweiterte Obus-Depot auf dem Gelände des dortigen Straßenbahnbetriebshofs.

Obus in Ostberlin

Der Magistrat von Ostberlin sah bereits Ende der 1940er-Jahre in der Einführung des Obus-Verkehrs eine Möglichkeit, stärker be-

Obus 301 010 (ex Nr. 1517) am 10. August 1972 am Robert-Koch-Platz. Derartige Fahrzeuge wurden von 1952 bis 1954 mit Typenbezeichnung W 602 gebaut

Oben: Dieser in der DDR im Jahre 1955 gebaute Doppelstock-Sattelschlepper-Obus bewährte sich nicht und wurde bald nach seiner Inbetriebnahme abgestellt

anspruchte Verkehrsrelationen kostengünstig und attraktiv zu bedienen, zumal Gleismaterial für die Erweiterung oder durch Kriegseinwirkungen zerstörter Teile des Straßenbahnnetzes fast nicht zur Verfügung stand.

In Vorbereitung der III. Westfestspiele der Jugend vom 5. bis 19. August 1951 in Ostberlin wurde zunächst die 6,3 Kilometer lange Obusstrecke vom Robert-Koch-Platz (Mitte) bis zum Ostbahnhof (Friedrichshain) gebaut. Für diese Anlage wurden neben zahlreichen Hausabspannungen 270 Masten, unter ihnen nicht wenige aus Holz, aufgestellt. Nach Aufnahme des Probebetriebs ab 25. Juli 1951 eröffnete die BVG-Ost die Strecke am 1. August 1951 für den öffentlichen Verkehr.

In den folgenden Jahren wurde das Obusnetz ständig erweitert und erreichte 1956 mit 45,5 Kilometern Länge die größte Ausdehnung. Die nunmehr drei Obus-Linien erschlossen dank einer weiträumigen Streckenführung die Stadtbezirke Mitte, Friedrichshain, Prenzlauer Berg und Lichtenberg. Sie entsprach, abgesehen von dem Abzweig zum Robert-Koch-Platz, einem Ring, der vom Roten Rathaus im Süden bis nach Alt-Marzahn im Norden reichte. Zusätzliche Fahrmöglichkeiten bestanden durch zwei Querverbindungen und mehrere Zwischenschleifen. Ein weiterer Ausbau des Netzes war vorgesehen, kam aber nicht zustande. So sollte der Straßenbahnbetrieb in Köpenick zugunsten des Obusses verschwinden. In diesem Zusammenhang war eine Verbindungsstrecke zwischen Lichtenberg und Köpenick geplant. Zur Diskussion stand außerdem ein Anschluss des Stadtbezirks Weißensee.

Beschafft wurden von 1951 bis 1956 insgesamt 46 Obusse des Typs LOWA. Zur Verfügung standen 40 Anhänger gleicher Bauart, die teilweise vom Omnibusbetrieb übernommen worden waren. Zwei LOWA-Fahrzeuge mit je einem Angänger konnten 1959 aus Eberswalde erworben werden. Bereits 1955 erhielt die DDR-Hauptstadt einen Doppelstock-Sattelschlepper-Obus. Dieses

Obus 301 017 (ex Nr. 1525) am Robert Koch-Platz. Dank der guten Pflege war ein Teil dieser Wagen fast 20 Jahre im Einsatz

eigentümliche Fahrzeug bewährte sich nicht und wurde schon bald ausgemustert. Die letzten 17 Neuzugänge in den Jahren 1965/66 waren Skoda-Obusse des Typs 9 Tr, die aber in Berlin stets ohne Anhänger verkehrten.

Während die Obusbetriebe in Steglitz und Staaken stets zum Autobusbereich gehörten, war der Obus in Ostberlin lange Zeit ein eigenständiger Betriebszweig. Erst mit Bildung der BVB als Kombinat zum 1. Januar 1969 wurde der Obus dem Betriebsteil Straßenbahn zugeordnet und als feststand, dass der Obus-Verkehr gänzlich aufgegeben werden sollte, unterstellte ihn die BVB vom 1. Juni 1972 an dem Kombinatsbetrieb Omnibus. Das Depot mit Werkstatt befand sich auf dem Gelände des Straßenbahnbetriebshofs Lichtenberg.

Eine Ende auf Raten

Im Zusammenhang mit der Umgestaltung des Alexanderplatzes legte die BVG-Ost den Obus in diesem Bereich zum 1. Janaur 1966 still. Vom 1. Dezember 1972 an übernahmen Autobusse den Betrieb auf der 1951 eröffneten Strecke zum Robert-Koch-Platz. Nur wenig später, im Januar 1973, endete der Obusverkehr in Friedrichshain und am 1. Februar 1973 schlug mit der Stilllegung der Strecke im Raum Lichtenberg, Biesdorf und Marzahn die letzte Stunde des Obus-Verkehrs. Noch verwendbare Skoda-Fahrzeuge erhielten unter anderem in Eberswalde, Weimar und Gera eine neue Heimat.

Die BVB begründete die Stillegung des Obusses mit zahlreichen Bauvorhaben im Einzugsbereich der Strecken, die deren vorübergehende Stilllegung und teilweise neue Streckenführungen erfordert hätten. Der Öffentlichkeit wurde jedoch verschwiegen, dass außerdem dringend benötigte Neubaufahrzeuge nicht zu erhalten waren. In der DDR endete der Obus-Fahrzeugbau bereits 1958, da sich im Rahmen der sozialistischen Staatengemeinschaft die Tschechoslowakei verpflichtet hatte, Obusse unter anderem für die DDR zu fertigen. Aber das betreffende Zweigwerk von Skoda war mit Beginn der 1970er-Jahre durch Lieferungen an die Sowjetunion völlig ausgelastet. Zudem erhielt die DDR in jener Zeit noch Erdöl aus der Sowjetunion zum Vorzugspreis, sodass die Umstellung auf den Autobusbetrieb nicht schwer fiel.

Typische Berliner Obusse sind glücklicherweise erhalten geblieben, sie gelangten Mitte der 1990er-Jahre nach Eberswalde. Einige Fahrzeuge können dort zu besonderen Anlässen sogar im Betrieb erlebt werden. Von den einst 92 Obus-Anlagen in Deutschland existieren derzeit nur noch die in Esslingen, Solingen und Eberswalde.

Quellenverzeichnis (Auswahl)

Bauer, Gerhard u.a.: Straßenbahn-Archiv 5. Berlin, 1987
–: Berlin und seine Eisenbahnen 1846 – 1896. Berlin, 1896

Berliner Verkehrs-Aktiengesellschaft: Die Fahrt. Berlin, versch. Jhg. ab 1929

Berliner Verkehrsbetriebe (BVG): Typisch Berlin – Ein BVG-Porträt. Berlin, 1987

Biedl, Andreas; Walter, Norbert: Die Fahrzeuge der Berliner U-Bahn Typ E. Berlin, 2001.

Bley, Peter: Berlin S-Bahn. Düsseldorf, 2003

Borchert, Fritz; Götz, Günter; Müller, Hans: Berlin und seine S-Bahn. Berlin, 1987

Braun, Michael: Die Berliner Nord-Süd-S-Bahn. Nordhorn, 1997
–: Die Elektrifizierung der Berliner Stadt-, Ring- und Vorortbahnen. 1912

Dost, Susanne: Richard Brademann (1884 – 1965) – Architekt der Berliner S-Bahn. Berlin, 2002

Hilkenbach, Sigurd; Kramer, Wolfgang: Die Straßenbahn in Berlin. Düsseldorf, 1992

Jakob, Manuel: Der elektrische Betrieb auf der Berliner S-Bahn – Band 6: Das Netz wächst zusammen – 1980 bis 2003. Berlin, 2004

Kuhlmann, Bernd: Bahnknoten Berlin – Die Entwicklung des Berliner Eisenbahnnetzes seit 1838. Berlin, 2000
–: Der Berliner Außenring. Nordhorn, 1997.
–: Eisenbahn – Größenwahn in Berlin – Die Planungen von 1933 bis 1945 und deren Realisierung. Berlin, 1996
–: Peenemünde – Das Raketenzentrum und seine Werkbahn. Berlin, 2003
–: Schönefeld bei Berlin – Ein Amt, ein Flughafen und elf Bahnhöfe. Berlin, 1996

Kuschinski, Konrad: Der elektrische Betrieb auf der Berliner S-Bahn – Band 5: Auf Zeit getrennt – 1960 bis 1980. Berlin, 2002

Lemke, Ulrich; Poppel Ulrich: Berliner U-Bahn. Düsseldorf, 1992

Matthes, Sigfried: Der Oberleitungsomnibus. Dresden, 1979

Meyer, Karen: Die Flutung des Berliner S-Bahn-Tunnels – Rekonstruktion und Legenden. Berlin, 1992

Neddermeyer, Bernd: Der elektrische Betrieb auf der Berliner S-Bahn – Band 1: Dampf oder Elektrizität? 1900 – 1927. Berlin 1999

Neue Gesellschaft für Bildende Kunst e.V. (Hrsg.): Die Berliner S-Bahn – Gesellschaftsgeschichte eines industriellen Verkehrsmittels. Berlin, 1984

Pierson, Kurt: Dampfzüge auf Berlins Stadt- und Ringbahn. Stuttgart, 1983.

Starke, Günter u.a.: Vom Alex nach Hellersdorf. Berlin, 1989

Stock, Werner: Obus-Anlagen in Deutschland. Bielefeld, 1987

Verkehrsgeschichtliche Blätter. Berlin, Jhg. 1978 – 2003

Verkehrsgeschichtliche Blätter (Hrsg.): Geschichte(n) aus dem Untergrund – Zwischen „Alex“ und Hönow. Berlin 2003

Bildnachweis:

Günther, Michael: 85 Mitte, 85 unten, 93 oben, 93 unten, 95 oben, 95 Mitte, 95 unten, 97, 112 oben, 112 rechts, 112 unten, 115, 118 links, 118 rechts

Machel, Wolf-Dietger: 53, 85 oben, 92 oben, 92 unten, 99, 102, 113 unten, 114 oben

Meyer, Günter: 70, 74 unten, 91 unten, 103, 104 rechts, 106 oben, 106 Mitte, 106 unten, 107 oben, 107 unten, 113 oben, 116

Neddermeyer, Bernd: 157 unten, 158

Schulz, Bodo: Umschlagbilder unten (2), 3, 4, 16, 78, 80, 86, 87, 88, 89, 95, 96, 117 oben, 117 unten, 119, 120, 121, 122 oben, 122 unten, 123, 124, 125, 127, , 128, 129, 130, 131, 132, 133, 134, 135, 136, 137, 138, 139, 140, 141, 142, 143, 144, 145 oben, 145 unten, 146, 147, 148, 149, 150, 151, 152, 153

Slg. Gottwaldt, Alfred: Umschlagbild, 7, 15 oben, 18 oben, 18 unten, 19, 21, 23 oben, 23 unten, 24 oben, 24 unten, 26, 28 unten, 30, 32 ,33, 38, 41, 42, 43 oben, 43 unten, 46, 48, 49 oben (3), 49 unten, 50 oben, 50 unten, 51, 52, 55 oben, 55 unten, 56 oben (2), 56 unten, 58, 59 oben, 59 unten, 60 oben, 60 unten, 61, 62 oben, 62 unten, 63, 65, 66, 69, 71, 75, 76 unten, 77, 82, 83 unten, 84 oben, 84 unten, 91 oben, 154, 156, 157 oben

Slg. Machel, Wolf-Dietger: 8, 11, 12, 13, 14 oben, 14 unten, 15 unten, 20 oben, 20 unten, 28 oben, 29, 35 oben, 35 unten, 36, 47, 54, 57, 68, 72 oben, 72 unten, 73 oben, 73 unten, 74 oben, 83 oben, , 104 links, 108, 109, 111

Slg. Schulz, Bodo (Fotos Rudolf Schulz): 76 oben, 76 Mitte, 79, 90

Ein kostenloses Gesamtverzeichnis erhalten Sie beim
GeraMond Verlag
D-81664 München

www.geramond.de

Lektorat: Lothar Reiserer, Bernd Schiffler
Layout: Susanna Reiserer, Augsburg
Repro: Scanner Service
Herstellung: Thomas Fischer

Alle Angaben dieses Werkes wurden vom Autor sorgfältig recherchiert und auf den aktuellen Stand gebracht sowie vom Verlag geprüft. Für die Richtigkeit der Angaben kann jedoch keine Haftung übernommen werden. Für Hinweise und Anregungen sind wir jederzeit dankbar. Bitte richten Sie diese an:
GeraMond Verlag
Lektorat
Innsbrucker Ring 15
D-81673 München
e-mail: lektorat@geranova.de

Die Deutsche Bibliothek – CIP Einheitsaufnahme
Ein Titeldatensatz für diese Publikation ist bei der Deutschen Bibliothek erhältlich.

Ein Unternehmen der
GeraNova Zeitschriftenverlag GmbH
München

Printed in Italy by Printer Trento S.r.l.
ISBN 3-7654-7254-9